Michael Harkins

USING TYPE

Eine Gebrauchsanweisung für Schrift

stiebner

Die englischsprachige Ausgabe dieses Buches
erschien 2011 unter dem Titel „Basics Typography:
Using Type" bei AVA Publishing SA.

Aus dem Englischen übersetzt von
Bea Reiter
Produktion: Niehaus & Stirl, Berlin
unter Mitarbeit von Martin Mosch (Fachberatung)
Satz: Dirk Brauns, Berlin

Bibliografische Information der Deutschen
Nationalbibliothek
Die Deutsche Nationalbibliothek verzeichnet diese
Publikation in der Deutschen Nationalbibliografie;
detaillierte bibliografische Daten sind im Internet über
http://dnb.d-nb.de abrufbar.

Text von Michael Harkins

Design von Create/Reject Ltd

Printed in Singapore

www.stiebner.com
ISBN: 978-3-8307-1409-5

abc
def
ijk
lm
opqr

Inhalt

Einleitung

Die Typografie als Teilbereich des Grafik- und Kommunikationsdesigns begegnet uns in so vielen Bereichen des Lebens, dass wir sie meist gar nicht mehr bewusst wahrnehmen. Die Lehre sowie deren Anwendung bei der Gestaltung typografischer Arbeiten bleiben für viele unsichtbar. In den meisten Fällen ist diese „Unsichtbarkeit" allerdings kein Zufall, sondern wird bewusst herbeigeführt. Sie ist das Ergebnis des Könnens und des persönlichen Geschmacks des Designers.

Gutes typografisches Design erfüllt alle Anfordungen, die an die visuelle Textgestaltung gestellt werden. Dazu muss ein typografisches Layout Notwendigkeiten hinsichtlich Lesbarkeit und Verständlichkeit mit ästhetischen Kriterien in Übereinstimmung bringen. Das erfordert ein Bewusstsein für Tradition und Gewohnheiten, aber auch Können, Urteilsvermögen und dem Zeitgeist entsprechenden Geschmack. Kurz gesagt, ein Typografiedesigner ist jemand, der sich mit der Visualisierung von Sprache beschäftigt.

Es heißt, gelungene Typografie sei unsichtbar. So formulierte es bereits Beatrice Warde in ihrem berühmten Vortrag „The Crystal Goblet", den sie 1932 vor der Society of Typographic Designers in London hielt und später veröffentlichte. In gewisser Hinsicht ist dieser Gedanke richtig. Es trifft die Sache aber vermutlich besser, wenn man sagt, dass wir gute Typografie bereitwilliger akzeptieren. Leider kann auch schlechte Typografie unsichtbar sein – nicht nur für den Betrachter, sondern sogar für diejenigen, die an ihrer Herstellung beteiligt sind.

Der deutsche Typograf Jan Tschichold, der sein Leben lang Lernender, Lehrer und Praktiker war, verglich einmal die Typografie mit „Ton in der Hand eines Töpfers". Er, der gern als „Meister der Typografie" bezeichnet wird, betonte stets, dass niemand als Meister geboren werde, sondern sich nur allmählich zu einem solchen ausbilden könne. Damit will Tschichold uns sagen, dass man Typografie in ihren Grundlagen erfassen muss, bevor man sie praktizieren kann, und dass man sie praktizieren muss, um sie zu erfassen.

Dieses Buch versteht sich als praktischer Ratgeber zur Annäherung an das Thema und wurde als eine Art Grundkurs für Anfänger und Fortgeschrittene geschrieben, die das Erlernte sofort in der Praxis umsetzen können. Es stimmt zwar, dass es eine Weile dauert, bis man Typografie wirklich beherrscht, aber wenn einen der typografische Ehrgeiz erst einmal gepackt hat, kann man ihn nur noch schlecht verhehlen.

Typografie ist gestaltete Visualisierung von Sprache. Ein typografisches Layout erleichtert das Lesen, es kann aber auch für sich allein „gelesen" werden. Während es den Inhalt kommuniziert, wird gleichzeitig die Form des typografischen Layouts selbst gelesen – ja in vielen Fällen lesen wir Form und Gestaltung des Layouts sogar zuerst. Das Layout sorgt für den ersten Eindruck. Es ist das unterste Element in einer ganzen Hierarchie, die unseren Blick über eine bzw. durch viele Seiten führt und dabei als Bedeutungsträger fungieren kann, während es sich trotz dieser wichtigen Aufgabe bescheiden im Hintergrund hält.

Egal, ob es um den Entwurf einer Visitenkarte oder die typografische Gestaltung für eine ganze Ausstellung geht, ein Designer braucht zumindest Grundkenntnisse in Typografie, wenn er ein ansprechendes, aussagekräftiges Grafikdesign schaffen will.

Dieses Buch möchte Sie bei typografischen Entscheidungen unterstützen, sowohl was die Makroelemente eines typografischen Layouts als auch die typografischen Details auf der Mikroebene betrifft. Schriftwahl, Textsatz, die Gestaltung von Rastersystemen, Kerning bei Überschriften, Schrift als Bild und Optimierung von Silbentrennung und Blocksatz sind nur einige der behandelten Themen.

Außer praktischen Ratschlägen enthält dieses Buch zahlreiche Arbeitsbeispiele von Studenten und Profis, die Kernpunkte und Themen illustrieren und Ihnen dabei helfen sollen, Typografie besser zu verstehen.

Als im 15. Jahrhundert die frühesten Formen des typografischen Layouts entstanden, orientierten sich diese noch sehr stark an den Regeln für Handschriften. Im 20. Jahrhundert erlebten wir den Übergang von Schrifttechnologien, die sich seit Gutenbergs Erfindung der beweglichen Lettern im Grunde wenig verändert hatten, zur Typografie der Avantgarde, zur asymmetrischen Typografie und schließlich zur digitalen Typografie. Heute, im 21. Jahrhundert, sind Sie es, die Leser dieses Buches, die bestimmen, wohin sich die typografische Landschaft in Zukunft entwickeln wird.

Typografie ist die Kunst und Lehre der Anordnung von Buchstaben und Wörtern.

Obwohl diese Beschreibung zutrifft, ist sie jedoch bei näherem Hinsehen zu allgemein bzw. eine zu starke Vereinfachung. Aus ihr geht nicht hervor, worin das Wesen der Typografie wirklich besteht. Welche Art von Buchstaben und Wörtern sind gemeint? Wie werden diese erzeugt?

Typografie beschäftigt sich damit, wie Buchstaben und Wörter zusammengefügt werden, in welchem Verhältnis sie zueinander stehen und welchen Raum der Text in der Gesamtkomposition einnimmt. Wenn wir Schriften auswählen und entscheiden, in welcher Größe und mit welchen Abständen sie verwendet werden sollen – immer mit Blick darauf, wie sich das auf die Lesbarkeit auswirkt –, ist das Typografie. In der typografischen Praxis unterscheiden manche zwischen Mikro- und Makrotypografie und meinen damit die Details bzw. den Gesamteindruck. Egal, welche Terminologie Sie verwenden, zuerst müssen Sie in der Lage sein, zu erkennen, was Typografie ist und was nicht.

Wahrnehmung von Typografie

Da wir im täglichen Leben von einer Unmenge typografischen Materials umgeben sind, bemerken wir eigentlich gar nicht mehr, dass wir etwas sehen, das gestaltet wurde, häufig sogar bis ins kleinste Detail. Für uns ist es selbstverständlich, dass wir auf der Verpackung unseres Lieblingssnacks den Nährwertgehalt und das Logo des Herstellers finden.

Es ist nichts Ungewohntes für uns, dass Bücher, Magazine oder Zeitungen, die wir auf dem Weg zur Uni oder zur Arbeit lesen, sich ohne Umwege verstehen lassen – nicht nur wegen ihres gut aufbereiteten Inhalts, sondern auch, weil diese Druckerzeugnisse eine gute typografische Gestaltung aufweisen, sodass nichts die Lesbarkeit behindert.

Gegenüber
Es dauert eine Weile, bis wir Typografie „sehen", und noch länger, bis wir sie beurteilen können. Typografie kann aber auch überdeutlich sein, sodass man sie fast nicht bemerkt. Dieser Optiker erwartet offenbar einige sehr kurzsichtige Kunden.

Rechts
Manchmal sehen wir auf der Straße etwas, das wir für ein gutes Beispiel für Typografie halten. Aber ist das hier tatsächlich eine Druckschrift?

„Nichts ist leicht oder langweilig daran, die unsichtbare Buchseite schaffen zu wollen. Vulgäre Zurschaustellung ist doppelt so einfach wie Disziplin. Wenn Ihnen klar ist, dass hässliche Typografie nie im Hintergrund bleibt, werden Sie in der Lage sein, Schönheit einzufangen, so, wie die Weisen das Glück finden, indem sie etwas völlig anderes anstreben. Der ehrgeizige Typograf wird die Launenhaftigkeit der Reichen kennenlernen, die das Lesen verabscheuen. Diese Leute wissen es nicht zu schätzen, wenn Sie sich mit Serifen und Überhängen Mühe geben, sie werden es Ihnen nicht danken, wenn Sie sich endlos lange mit einem Haarspatium beschäftigen. Niemand (bis auf andere Ihrer Zunft) wird Ihre Fähigkeiten auch nur im Ansatz zu schätzen wissen. Trotzdem können Sie viele Jahre mit unzähligen, aber befriedigenden Versuchen verbringen, jenes Kristallglas zu schaffen, das es wert ist, das Beste des menschlichen Geistes in sich aufzunehmen."

Beatrice Warde Auszug aus *The Crystal Goblet, or Printing Should Be Invisible* (1956)
Vortrag vor der British Typographers' Guild (1932)

1.1 Definition von Typografie

Links
Bei diesem Cover, das Nick Bell für *About Face* gestaltet hat, wird Typografie derart subtil und themenadäquat eingesetzt, dass sie als Element des Layoutdesigns fast verschwindet.

Gegenüber
Why Not Associates nutzt die zufällige Typografie von übereinandergelegten Zeitungsausschnitten zur Illustration der heftigen Debatte, die Anthony Gormleys Skulptur „Angel of the North" im englischen Gateshead auslöste.

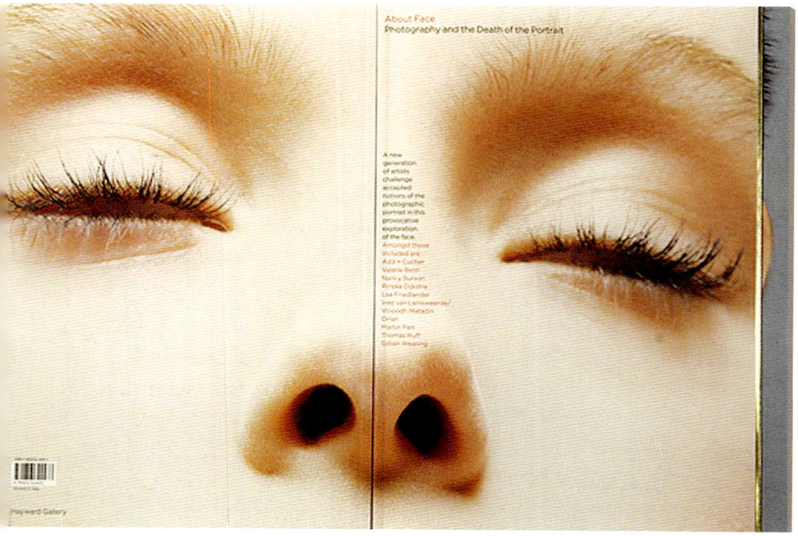

Typografie im Alltag

Stellen Sie sich vor, dass man von heute auf morgen sämtliche Typografie aus dem Stadtbild entfernt. Einige werden das spontan für eine gute Idee halten, doch wie sollen wir dann den Weg zur Bücherei, zum Hallenbad oder zur öffentlichen Toilette finden? Denken Sie noch weiter: Wie würden wir uns ohne Typografie im Internet zurechtfinden? Wie würden wir wissen, wie viele Tabletten eines Medikaments wir nehmen sollen, und zu welchen Zeiten? Alle diese Dinge wären ohne Typografie zwar nicht unmöglich, doch darf man wohl behaupten, dass Typografie ein wesentlicher Bestandteil unseres Alltags geworden ist und unser Leben anders aussähe, gäbe es sie nicht.

Obwohl Typografie in fast alle unsere Lebensbereiche hineinreicht, ist es mitunter gar nicht so einfach, sie zu identifizieren. Man kann das mit Musikhören vergleichen. Sie erkennen zwar, wenn Sie eine Melodie oder ein Lied hören, aber was können Sie über die Musik, die Sie hören, sagen? Wissen Sie, welche Instrumente gespielt werden? Oder in welchem Tempo und in welcher Tonart das Stück geschrieben ist? Mit Typografie ist es in vieler Hinsicht ähnlich. Wenn wir etwas verstehen wollen, müssen wir uns das, was wir sehen (oder, im Fall der Musik, hören), bewusst machen.

Das Wesen der Typografie

Wenn wir lernen wollen, unterschiedliche Schriftbilder voneinander zu unterscheiden, müssen wir uns zunächst die Frage stellen, ob alle Arten von Schrift als Typografie angesehen werden.

Die Antwort ist eindeutig: Nein.

Als Erfinder der beweglichen Lettern aus Metall gilt in der westlichen Welt der Mainzer Drucker Johannes Gutenberg. Die beweglichen Lettern hatten den Vorteil, dass die Typen nach dem Druck eines Texts auseinandergenommen und neu zusammengesetzt werden konnten. Zusammen mit der ebenfalls von Gutenberg erfundenen Druckerpresse machte diese Technik es möglich, einen Text maschinell zu reproduzieren. Diese Art der Vervielfältigung war einfacher, schneller und billiger, als den gleichen Text von Hand abschreiben zu lassen, wie es vor Gutenberg üblich war.

Die Art der Technologie, mit der Buchstaben ausgetauscht und vervielfältigt werden, ist von grundlegender Bedeutung für die Definition von Typografie, die sich darin von anderen Methoden zur Fertigung von Buchstaben unterscheidet. Und obwohl diesbezüglich seit Gutenberg gravierende Veränderungen stattgefunden haben – vor allem in der zweiten Hälfte des 20. Jahrhunderts –, hat sich das Wesen der Typografie in dieser langen Zeit kaum verändert.

Johannes Gutenberg (1398–1468)

Johannes Gutenberg, mit vollem Namen Johannes Gensfleisch zur Laden genannt Gutenberg, gilt als der Erfinder des mechanischen Buchdrucks mit beweglichen Lettern aus Metall.

Das erste bedeutende Buch, das mit der von Gutenberg konstruierten Druckerpresse hergestellt wurde, war die 42-zeilige Gutenberg-Bibel, die vermutlich um 1455 entstand.

Fast sein ganzes Leben widmete Gutenberg der Entwicklung seiner Erfindung. Johann Fust (1400–1466), ein vermögender Patrizier und Geldverleiher, stellte ihm die finanziellen Mittel zur Verfügung, um seine Arbeit fortzusetzen.

Nicht in der Lage, seine Schulden zurückzuzahlen, musste Gutenberg schließlich Lettern, Druckerpresse und die Hälfte der Werkstatt an seinen Geldgeber abtreten. Zusammen mit seinem Schwiegersohn Peter Schöffer führte Fust die Druckerei weiter und war mit dem Druck einer Bibelausgabe auch kommerziell erfolgreich. Gutenberg, der lediglich eine kleine Rente in Anerkennung seiner Leistungen erhielt, starb 1468 in bitterer Armut.

1.1 Definition von Typografie

Was ist Typografie?

Typografie als die Kunst und Lehre der Anordnung von Buchstaben und Wörtern zu bezeichnen, ist, wie wir gesehen haben, eine Vereinfachung, die zwar nicht falsch, aber doch unvollständig ist. Denn Typografie bedeutet auch, dass die Anordnung von Buchstaben und Wörtern (zusammen mit anderem visuellen Material) immer wieder verändert und reproduziert werden kann. Und zwar so häufig, wie das, was kommuniziert werden soll (der Inhalt), es erfordert.

Durch das Medium oder die Technologie (Druck, Internet usw.) ihrer Verbreitung werden der Typografie Grenzen gesetzt. Typografie als Kunst oder Handwerk ist kreativ. Sie ist aber auch eine technische Disziplin, die eine gewisse Standardisierung bewährter Methoden und Prozesse verlangt.

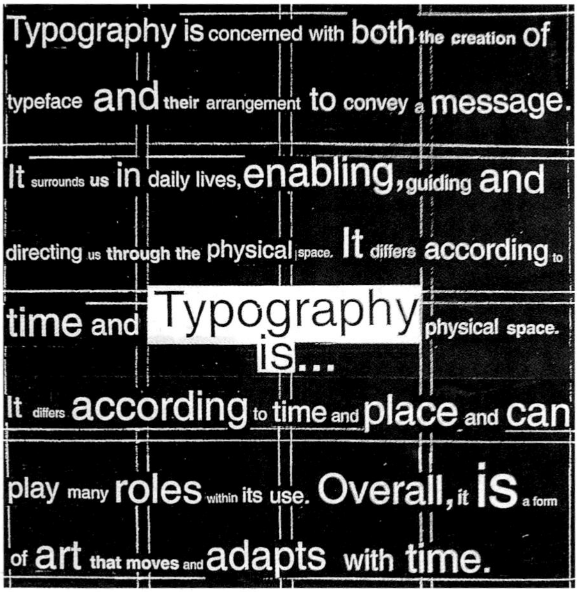

Man kann sagen, dass die frühe Typografie in der westlichen Welt in der Mechanisierung der Handschriften bestand. Dies mag nicht zu modernen Auffassungen von Typografie passen, doch tatsächlich sind die Nachwirkungen der Erfindungen Gutenbergs und seiner unmittelbaren Nachfolger bis heute bemerkbar.

Typografie verwendet Zeichen (Buchstaben), um gesprochene und geschriebene Sprache darzustellen. Allerdings gibt es Sprachelemente (zum Beispiel den Tonfall), für die die Typografie keine Zeichen hat. Und es gibt typografische Zeichen (zum Beispiel Symbole), die keine Entsprechung in der Sprache haben. Buchstaben sind Zeichen, die für einen Laut stehen, doch als Zeichen an sich haben sie keine Bedeutung, so wie die einzelnen Laute (Phoneme) für sich genommen keine eigene Bedeutung haben. Nur wenn sie zusammen angeordnet werden, bilden sie Wörter. Wörter wiederum sind Zeichen (oder Bezeichnungen), mit denen wir unsere Umwelt, Erfahrungen und Ideen beschreiben.

Gegenüber
Übung für Studienanfänger, die darin ihre persönliche Auffassung von Typografie zum Ausdruck bringen sollen.

Rechts
Das Leitsystem von Cartlidge Levene für das Verlagsgebäude des *Guardian* überzeugt durch Klarheit und Verständlichkeit. Charakteristisch für das System wie für die verwendeten Materialien ist eine spielerische und feinsinnige Anmutung.

Typografie visualisiert systematisch Sprache, die von einer bestimmten Zielgruppe gelesen werden soll. Egal, ob es um die Gestaltung eines Lyrikbandes oder eines Plakats für ein Museum geht, Aufgabe der Typografie ist es, das Lesen von Sprache (als Text) zu ermöglichen und auf diese Weise Informationen zu vermitteln. In der Geschichte der Typografie wurden der Umgang des Lesers mit Typografie und der Vorgang des Lesens an sich immer wieder in Frage gestellt, woraus interessante und ausgefallene Arbeiten entstanden sind. Hauptsinn der Typografie ist und bleibt es jedoch, das Lesen von Texten nicht zu behindern, sondern zu erleichtern. Darüber hinaus muss Typografie zweckmäßig sein. Der Designer muss sowohl den Inhalt eines Textes als auch den Kontext, für den er gedacht ist, berücksichtigen.

Typografische Gestaltung kann auf verschiedenen Ebenen erfolgen: Die Gesamtkonzeption betrifft Seitenformat, Satzspiegel, Layout, Spaltenanzahl und das Verhältnis von Schrift zu Bild. Bei der Detailtypografie geht es um Schriftwahl, Schriftgröße, die Abstände zwischen Buchstaben, Wörtern und Zeilen, Zeilenlänge, die Verwendung von Ligaturen, Kapitälchen, Initialen usw.

Diese beiden Ebenen werden manchmal auch als Makro- bzw. Mikrotypografie bezeichnet. Und häufig wird die eine zugunsten der anderen vernachlässigt. Denn es gibt Designer, die lediglich die Makrotypografie für „kreative" Typografie bzw. „kreatives" Grafikdesign halten. Sie können jedoch sicher sein, dass ein Designer von der eingehenden Beschäftigung mit den „Feinheiten" der Typografie nur profitieren kann und seine Fähigkeiten ganz allgemein verbessern wird.

Typografisch gesprochen

Wenn ein Designer den Auftrag erhält, eine Broschüre für eine Tagung über die Zukunft der Architektur zu gestalten, wird er dafür weder „antike" noch ungewöhnliche Schriften verwenden. Auch Schriften, die so „ultramodern" aussehen, dass sie wie ein Klischee futuristischer Visionen der Vergangenheit wirken, dürften nicht in Frage kommen. Der Designer muss in etwa wissen, was die Zielgruppe erwartet, und die Typografie sollte sich an diesen Erwartungen orientieren. Was nicht heißen soll, dass Typografie nicht kreativ und originell sein kann.

Typografisch gesprochen sollte Ihr Design nicht im Faschingskostüm bei einer Einladung auftauchen, zu der um Abendkleidung gebeten wurde.

Beatrice Warde verglich gute Typografie mit Trinken aus einem Kristallglas: Wir wollen uns auf den Wein konzentrieren und nicht durch das Gefäß, in dem er sich befindet, abgelenkt werden. Das Gleiche gilt, wenn wir zum Beispiel einen Roman lesen. Wir wollen in die Geschichte eintauchen, uns mit Figuren und Handlung beschäftigen. Welche Schrift und Typografie verwendet wird, um uns den Inhalt mitzuteilen, interessiert uns wenig. Meist ist es uns nicht einmal bewusst.

Wardes Vergleich lässt sich jedoch nicht auf alle Einsatzbereiche der Typografie anwenden. Wenn wir zum Beispiel in einem Flughafengebäude sind, wollen wir die Typografie um uns herum wahrnehmen, da wir herausfinden wollen, wie wir an unser Ziel kommen.

Oben
Beim Drucken mit Einzellettern aus Holz und Experimentieren mit der typografischen Anordnung entwickeln Studenten auf spielerische Weise ein Verständnis für Schrift und Typografie. Die Anordnung der Buchstaben lässt mehrere Lesarten zu, außerdem wird das gedruckte Wort zum Bild.

In einem solchen Fall wollen wir auch, dass die Typografie möglichst deutlich ist, vor allem aber soll sie auffallen – allerdings nicht so, dass sie uns von dem, was sie uns sagen soll, ablenkt.

Egal, ob wir bei der Gestaltung typografischer Arbeit Wardes Bild folgen oder nicht, wir lesen, bevor wir lesen. Das mag sich merkwürdig anhören, doch wir tun das die ganze Zeit, ohne dass es uns zwangsläufig bewusst ist. Layout, Satz, Einsatz von Farbe, Auswahl der Schriften, Schriftgröße, Spaltenbreite und andere Elemente eines Designs bilden eine Einheit und senden Signale aus, die wir als Ganzes „lesen", bevor wir uns daranmachen, den Inhalt zu lesen.

Unsere Lieblingszeitung oder unser Lieblingsmagazin hat ein charakteristisches Aussehen, eine eigene Identität. Bei anderen typografisch gestalteten Arbeiten wie Leitsystemen, Informationsdesign und Websites ist das genauso. Wie kreativ oder neutral Typografie auch sein will, es ist ihr unmöglich, diese Designsignale nicht auszusenden. Als Designer braucht man viel Erfahrung, um diesen Vorgang kontrollieren zu können. Einige vertreten die Meinung, dass man zudem „Geschmack" entwickeln müsse.

Geschmack ist jedoch eine überaus subjektive Sache. Vielleicht wäre es treffender, von typografischem „Bewusstsein" zu sprechen. Gemeint ist, dass man für unterschiedliche Probleme verschiedene (und zweckmäßige) Herangehensweisen entwickelt. Wie in jedem anderen Fachgebiet, dauert es allerdings eine Weile, bis man sein Metier beherrscht.

Auch für Typografie gilt: Übung macht den Meister. Es zahlt sich aus, wenn man viel mit Schrift arbeitet, doch auch durch die Analyse guter Beispiele gewinnt man Erfahrung. Welche Schrift wird verwendet? Wie viele Wörter stehen in einer Spalte? Welche Schriftgröße, welchen Durchschuss könnte man verwenden? Gibt es ein Rastersystem?

Seien Sie bei der Beantwortung dieser Fragen genau. Schlagen Sie in Schriftmusterbüchern nach oder konsultieren Sie Online-Ressourcen. Messen Sie Textbreiten, und drucken Sie den Text in verschiedenen Größen aus, bevor Sie Ihre Ideen mit dem Ausgangsmaterial vergleichen. Wichtig ist, dass Sie ein eigenes Verständnis für Typografie entwickeln. Typografie verlangt aktive Teilnahme – selbst wenn es nur um den vermeintlich einfachen Vorgang des Lesens geht.

„Typografie ist einem eindeutigen Zweck verpflichtet, und zwar der schriftlichen Mitteilung. Durch kein Argument und keine Überlegung kann die Typografie von dieser Verpflichtung entbunden werden. Das Druckwerk, das nicht gelesen werden kann, wird zu einem sinnlosen Produkt."

Emil Ruder
Typographie (1967)

Was ist Typografie nicht?

Wir haben nun Typografie allgemein beschrieben, darauf hingewiesen, dass es verschiedene Ebenen für die Arbeit mit Typografie gibt. Und wir haben festgestellt, dass sich unser Verständnis dessen, was Typografie ist, erst im Laufe der Zeit durch intensive Beschäftigung mit dem Thema entwickelt. Ein anderer Weg, zu verstehen, was Typografie ist, ist die Definition dessen, was Typografie nicht ist. Typografie bewusst von anderen, eng verknüpften Fachgebieten und Tätigkeiten abzugrenzen, kann sehr erhellend sein.

Studenten, die sich mit Typografie beschäftigen, haben häufig Schwierigkeiten, zwischen Beschriftung und Typografie zu unterscheiden, vor allem, wenn es um Beschriftung im Kontext von Grafikdesign geht. Ein Beispiel hierfür wäre ein hochstilisierter Produktname auf einer Verpackung, auf der sich auch typografisches Material findet. Selbst für erfahrene Grafikdesigner ist hier eine klare Trennung manchmal nicht ganz einfach.

Was Typografie nicht ist ...

ein Sammelsurium von scheinbar eng miteinander verknüpften Fachgebieten

Handschrift

Beschriftung

Buchstaben, die mit der Hand in Stein oder Holz geritzt wurden

Gebärdenschrift

Graffiti

aus Gummibändern gefertigte Buchstaben ...

Was allerdings nicht heißt, dass man nicht aus mit der Hand oder aus Gummibändern gefertigten Buchstaben eine Schrift machen kann, mit der dann wiederum Typografie produziert werden kann. In der Typografie werden Buchstaben nicht jedes Mal einzeln und per Hand (oder mit einem Werkzeug) hergestellt. Es gibt jedoch Schriften, deren einzelne Buchstaben stets anders aussehen können, sowohl willkürlich als auch kontextabhängig. Die originale Textura von Johannes Gutenberg enthielt mehrere Versionen der einzelnen Buchstaben, damit der Text so gesetzt werden konnte, dass er den Handschriften ähnelte, die Gutenberg imitieren wollte.

Gegenüber
Obwohl sie vom Stil her sehr ähnlich aussehen, sind weder die Kalligrafiearbeit (oben) noch der Steinschnitt (unten) Beispiele für Typografie. Beide entstanden etwa um 1840 und imitieren die ältere Kunst des Kupferstichs. Der Einfluss dieser Techniken auf die Gestaltung von Schrift ist allerdings unverkennbar.

Typografie ermöglicht die systematische Reproduktion von Buchstaben, Wörtern, Sätzen und Absätzen. Und was ist mit Schablonen, Gummistempeln, in Ton gedrückten Schriftzeichen und Kartoffeldruck? Auch damit kann man doch etwas neu anordnen, reproduzieren und vervielfältigen? Die klare Definition eines Fachgebiets ist immer eine schwierige Sache. Bei jedem wird es Bereiche geben, in denen Fachgrenzen, Theorien und Technologien sich entwickeln, verändern, überlappen. Auch deshalb ist es wichtig, ein persönliches Verständnis für Typografie auszubilden – und dabei zu wissen, dass sich dieses Verständnis mit zunehmender Kenntnis und Erfahrung ändern und weiterentwickeln wird.

Wenn Sie der Ehrgeiz erst einmal gepackt hat, lässt sich Typografie nicht mehr einfach ignorieren. Sie werden feststellen, dass Sie sich das Kerning bei Zeitungsschlagzeilen ansehen, Sie werden sich aufregen, wenn jemand anstelle von Anführungszeichen Zollzeichen verwendet, Standard- und Modeschriften werden Sie um höheren Beistand flehen lassen, ein gut gewählter Durchschuss dagegen wird Ihnen ein Lächeln aufs Gesicht zaubern. Je mehr Gefühl für Typografie Sie entwickeln, desto häufiger werden Ihnen Dinge auffallen, die viele andere für eine Selbstverständlichkeit halten.

Typografie lernt man nicht über Nacht. Aber keine Angst, das erwartet auch niemand von Ihnen.

Schrift im Alltag

In unserem Alltag wimmelt es nur so von typografischem Design, was uns meist gar nicht bewusst ist. Von der Cornflakespackung, zu der wir beim Frühstück greifen, bis zum Buch, das wir abends im Bett lesen. Wir sind von gestalteten Texten umgeben – allerdings nicht immer *gut* gestalteten. Die meisten Arten von typografischem Design nehmen wir gar nicht wahr: Wir lesen die Informationen oder Inhalte, die das Design vermittelt, ohne das Gestaltete selbst als etwas Eigenständiges zu sehen. In vielen Fällen möchte der Designer eines Produkts oder einer Schrift sogar, dass wir sein Design genau auf diese Weise wahrnehmen.

Die Aufgabe

Dokumentieren Sie einen Tag in Ihrem Leben, den Sie als Beobachter von typografischem Design verbringen. Erstellen Sie ein ausführliches „Tagebuch", in dem Sie sämtliche typografischen „Erlebnisse" an diesem Tag notieren, vom frühen Morgen bis spät in die Nacht.

Nehmen Sie dieses Tagebuch in Ihre Recherchemappe oder Ihr Skizzenbuch auf. Seien Sie darauf vorbereitet, Ihre Entdeckungen durch Fotos, Fotokopien etc. festzuhalten. Darüber hinaus können Sie originale Beispiele für typografisches Design sammeln.

Verfassen Sie Notizen zu dem, was sie zusammentragen und dokumentieren. Solche Aufzeichnungen helfen Ihnen später bei der Beantwortung der Frage, welche Art von Design Sie erfasst haben.

Nehmen wir zum Beispiel die Cornflakespackung. Auf der Vorderseite finden sich meist große Beschriftungen oder typografische Elemente. Es gibt aber auch Typografie in Form von Informationsdesign wie Nährwerttabellen auf der Schachtel. Überlegen Sie bei jedem Detail: Handelt es sich um Werbedesign/Branding oder haben Sie Informationsdesign vor sich? Haben Sie es mit Typografie zu tun? Oder ist es eine Beschriftung?

Suchen Sie sich aus dem gesammelten Material Beispiele für Design heraus, das Sie für gut bzw. schlecht halten. Versuchen Sie, diese Beispiele in Bezug auf die Typografie zu analysieren. Können Sie feststellen, welche Schriften verwendet wurden? Kann die Typografie den Inhalt erfolgreich vermitteln? Falls ja, *warum*? Falls nicht, *warum nicht*? Diskutieren Sie Ihre Analyse mit anderen. Sind andere in der Lage, den Unterschied zwischen Beschriftung und Typografie festzustellen?

Oben
Ein aufmerksamer Blick auf im Alltag verwendete Typografie hilft, sich mit dem Thema vertraut zu machen. Eine einfache Frage für den Anfang könnte lauten: „Ist das, was ich gerade ansehe, Typografie?"

Wortschatz

Wie jede Lehre hat auch die Typografie eine eigene Terminologie, mit der man sich erst einmal vertraut machen muss. Sich die Fachsprache der Typografen anzueignen, dient nicht nur dazu, das Thema besser zu verstehen, sondern ermöglicht Ihnen, mit Kollegen auf einer Ebene zu kommunizieren.

Sie werden dabei auf Begriffe treffen, die Sie als Neuling mit Sicherheit noch nie gehört haben. Allerdings auch auf solche, die Ihnen zwar bekannt sind, die jedoch in diesem Kontext eine völlig andere Bedeutung haben. Sie werden sehen, dass es in der Typografie von Schusterjungen, Hurenkindern, Löchern und Gassen wimmelt, wenn jemand sein Handwerk nicht versteht. Und vielleicht werden Sie feststellen, dass die Buchstaben einer Schrift, mit der Sie arbeiten, abstehende Ohren, hängende Schultern und einen dicken Bauch haben!

Viele Berufe verwenden einen besonderen Wortschatz, um spezielle Sachverhalte zu beschreiben. Historisch gesehen dienten diese Fachsprachen auch einmal dazu, einen Beruf und das damit verbundene Wissen zu schützen. Wie eine Art Geheimsprache wurden sie unter anderem verwendet, um Außenstehenden das Verständnis und damit den Zugang zu dieser Beschäftigung bzw. Kunst zu erschweren.

Die Typografie ist da keine Ausnahme. Der größte Teil der heute verwendeten Terminologie hat eine lange Tradition. Man mag einwenden, dass moderne Technologien und Verfahren viele dieser Begriffe überflüssig gemacht haben. Trotzdem sollten Sie, wenn Sie ein Fachgespräch führen wollen, die gleiche Sprache sprechen wie andere, die in diesem Bereich tätig sind.

Typografie ist zwar ein unabhängiges Fachgebiet, gleichzeitig aber auch eine Spezialisierung oder ein Teilbereich in anderen Berufen. Grafikdesigner, Verlage, Webentwickler, Filmemacher oder Spieleentwickler (um nur einige zu nennen) haben innerhalb ihres jeweiligen Tätigkeitsbereichs auch mit Typografie zu tun. Nicht immer wird ein ausgewiesener Typograf hinzugezogen, um an den Projekten mitzuarbeiten. In der Praxis sieht es meistens so aus, dass die Designer des jeweiligen Fachgebiets auch die typografischen Arbeiten übernehmen, wobei mitunter eigene „Typosprachen" entstehen, die sich voneinander unterscheiden.

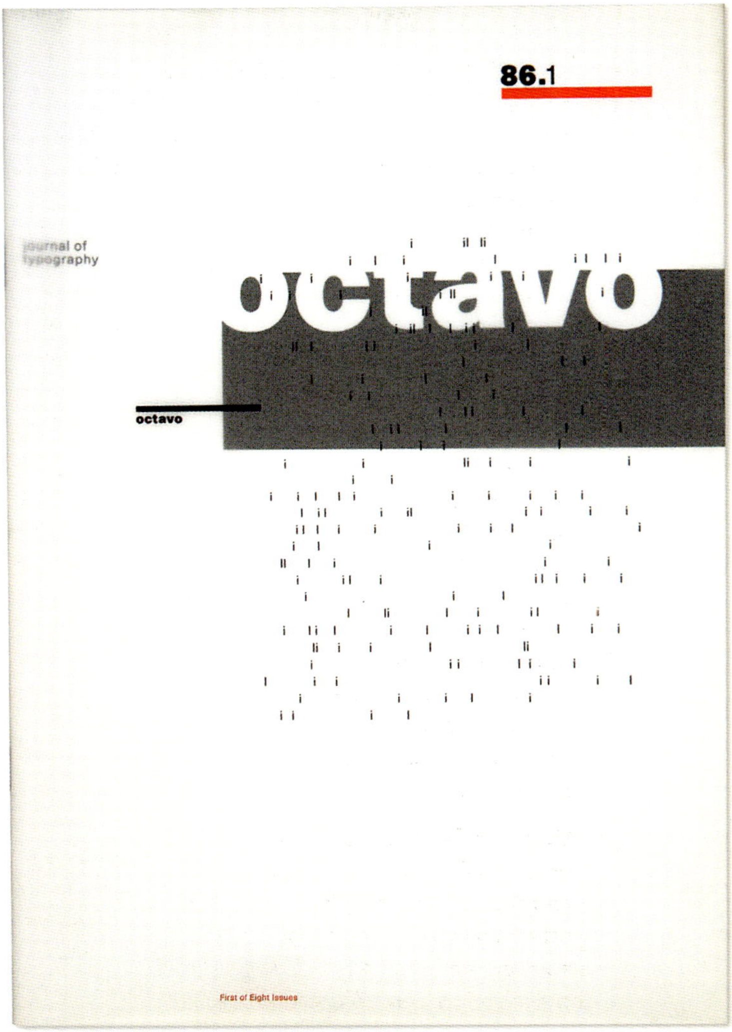

Oben
Das erste von acht Heften des *Octavo Journal of Typography*, das von 1986 bis 1992 erschien, beschäftigt sich damit, wie die großen Designer der Vergangenheit ihre Arbeit durch Sprache definierten.

Den kompletten Wortschatz, mit dem Typografie beschrieben wird, zu behandeln, würde den Rahmen dieses Buchs sprengen. Es können lediglich einige bekannte und allgemein anerkannte Begriffe vorgestellt werden, ein Grundstock, auf den Sie aufbauen können, je mehr Erfahrung Sie auf dem Gebiet der Typografie sammeln. Auch der Umgang mit „Typosprache" braucht Zeit, aber es ist wichtig, sie als einen wesentlichen Bestandteil der typografischen Praxis zu begreifen.

Einige Begriffe wie zum Beispiel „Unterschneidung" sind alt und haben, wenn sie heutzutage beim Digitaldruck verwendet werden, nicht mehr exakt die gleiche Bedeutung wie im Kontext des Bleisatzes. Mit „Unterschneiden" ist die Verringerung des Abstands zwischen zwei oder mehr Buchstaben gemeint. Beim Bleisatz wurde dazu bei einer Letter ein Stück vom Überhang abgeschnitten, damit der Buchstabe näher an einen benachbarten Buchstaben herangerückt werden konnte.

Eine Ligatur ist nicht zu verwechseln mit einem Diphthong. Ligatur bezeichnet die Verbindung von zwei oder drei Buchstaben zu einer Drucktype; aber diese optische Verschmelzung verändert nicht die Aussprache, wohingegen bei einem Diphthong die zwei dargestellten Laute zu einem neuen verschmelzen.

Gegenüber
Wenn Sie die Sprache der Typografie kennen, werden Sie auch Konzepte der Schriftgestaltung besser verstehen.

„Alle Typographie setzt Tradition und Konventionen voraus. Tradition kommt von lateinisch trado, *ich übergebe, und bedeutet Übergabe, Weitergabe, Überlieferung, Unterricht, Lehre."*

Jan Tschichold
Die Bedeutung der Tradition für die Typographie, Leipzig (1964)

Maßsysteme

Die typografische Fachsprache macht auch vor Maßangaben nicht halt. Wer typografisch arbeitet, muss regelmäßig Seitengrößen, Ränder und Spaltenbreiten vermessen. Die Angaben zu Flächen und Längen erfolgen in der Regel im bekannten metrischen System, also in Zentimetern und Millimetern. Aber für Schrift und Typografie gibt es spezielle Maßsysteme. Am gebräuchlichsten ist die Maßeinheit „Punkt", die Ihnen von der Software auf Ihrem PC bekannt sein dürfte. Die meisten Textverarbeitungs- oder Layoutprogramme verwenden zur Angabe der Schriftgröße das DTP-Punktsystem (DTP von Desktop-Publishing). Ein DTP-Punkt (auch PostScript-Punkt genannt und „pt" abgekürzt) misst 0,353 Millimeter.

Der Punkt

Der Punkt ist die kleinste typografische Einheit. Die Entwicklung des Punktsystems lässt sich bis zu dem französischen Typografen Sébastien Truchet (1657–1729) zurückverfolgen. Bezugsgröße war das alte Längenmaß des „Pied de Roi" („Königsfuß"). In die Satztechnik eingeführt wurde der Punkt 1737 von Truchets Landsmann Pierre Simon Fournier. Der Drucker François-Ambroise Didot und sein Sohn Firmin Didot überarbeiteten das System um 1780 erneut. Der Didot-Punkt (1/72 eines Zolls) setzte sich in ganz Kontinentaleuropa durch.

Aufgrund des unterschiedlichen Zollmaßes in Frankreich und im angloamerikanischen Raum war der Didot-Punkt jedoch größer als seine britischen und amerikanischen Pendants. Man ahnt die Verwirrung, zu der das führte bzw. führt. Im IT-Bereich wurde das Punktsystem deswegen inzwischen standardisiert, sodass heute ein Punkt – der DTP-Punkt – in Paris genauso groß ist wie in Mumbai.

Rechts
Dieser Winkelhaken (auch Kelle genannt) wurde zum Zusammensetzen einer Zeile aus einzelnen Bleilettern benutzt. Die typografische Maßeinheit, die hier verwendet wird, ist die Pica.

Die Pica

Die Pica („pc") ist eine andere Maßeinheit, die ebenfalls nur in der Typografie bekannt ist und die mit dem Punkt in Beziehung steht: 72 Pica ergeben einen amerikanischen Fuß (304,8 Millimeter), so, wie 72 Punkt einen Zoll ergeben. Das bedeutet, zwölf Punkt entsprechen einem Pica und sechs Pica wiederum einem Zoll.

Das Geviert

Das Geviert ist eine Maßeinheit aus der Zeit des Bleisatzes mit beweglichen Lettern, die sich aus der Höhe des jeweiligen Schriftgrads ergibt. Bei Verwendung einer 12-Punkt-Schrift war die Größe des Metallkörpers (auch Kegel genannt), auf dem der eigentliche Buchstaben saß, vorgegeben. Das Geviert wurde anhand von Länge und Breite der Kegelhöhe eines großen M berechnet. Diese Maßeinheit wird auch heute noch benutzt und hängt nach wie vor von der Größe der verwendeten Schrift ab. Ein Halbgeviert ist halb so breit wie ein Geviert.

Kombination von Maßsystemen

Wie wir gesehen haben, gibt es einige Begriffe und Maßeinheiten in Schrift und Typografie, die schon sehr alt sind, aber immer noch Verwendung finden. Sie können natürlich auch mit dem metrischen Maßsystem arbeiten. Es kann allerdings kompliziert werden, wenn Sie Angaben in Punkt umrechnen müssen.

Viele Designer arbeiten deshalb mit Kombinationen von Maßsystemen, mit denen sie entweder gut zurechtkommen oder die für ein Projekt besonders geeignet sind. Angaben zur Seitengröße werden heute gängigerweise in Millimetern oder Zentimetern gemacht (einige Designer arbeiten allerdings immer noch mit Pica), während die Schriftgröße üblicherweise in Punkt (pt) angegeben wird.

Wie wir – und Sie mit zunehmender Erfahrung – noch feststellen werden, ist es trotz aller Präzision bei den typografischen Angaben letztendlich immer das Auge, das das endgültige Urteil fällt. Bei Typografie geht es um die visuelle Wirkung, und was das Auge für untauglich hält, wird dem Betrachter auch dann nicht besser gefallen, wenn es genauestens vermessen und mathematischen Prinzipien entsprechend gestaltet ist.

Rechts
Vor dem Computerzeitalter gab es diverse Arbeitsmittel zur Bestimmung von Satzbreite und Zeilenhöhe.

Gegenüber
Die Grundeinheit für Größenangaben in der Typografie ist der Punkt (pt), obwohl auch andere Maßsysteme verwendet werden können. Die Grafik zeigt eine Schrift in verschiedenen Größen von sechs bis 72 pt. Man sieht, dass die Zeichen die zur Verfügung stehende Höhe nicht voll ausschöpfen. Rechts außen stehen die Gevierte, deren Größe anhand des Schriftkegels berechnet wird.

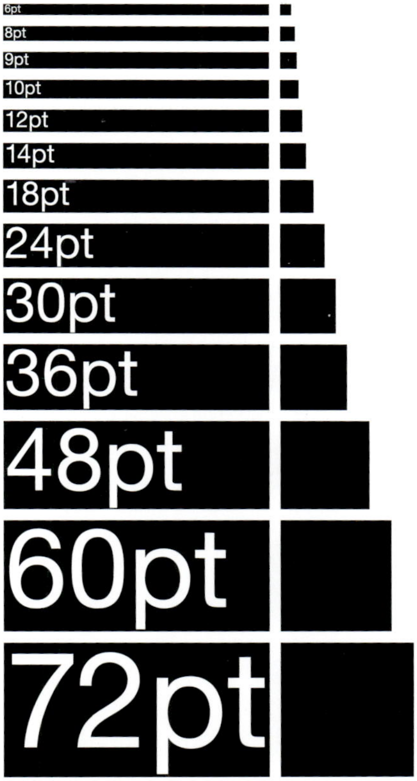
6pt
8pt
9pt
10pt
12pt
14pt
18pt
24pt
30pt
36pt
48pt
60pt
72pt

MANCHESTER.1
EVERYTHING FOR
PRINTERS

HOW TO
GET THERE
1966
Price 1/-

Wenn Sie in eine größere Stadt reisen wollen, womöglich zum ersten Mal, werden Sie das aller Wahrscheinlichkeit nach nicht ohne ein Mindestmaß an Planung tun. Vermutlich haben Sie ein Ziel, Sie wollen jemanden besuchen oder etwas besichtigen. Sie überlegen sich, mit welchem Verkehrsmittel oder auf welcher Route Sie in diese Stadt gelangen. Und Sie planen eine Zeitreserve mit ein, für den Fall, dass es auf der Reise zu Verzögerungen kommt. Für die meisten von uns ist es selbstverständlich, dass man jede noch so gewöhnliche Reise vorbereitet und dass unvorhergesehene Ereignisse eintreten können, auf die man mit einem Alternativplan vorbereitet sein sollte.

Auch Typografie muss „vorbereitet" werden. Sie müssen wissen, auf was für eine Art von Reise Sie gehen. Soll Ihr Design gedruckt werden, oder ist es für ein digitales Medium gedacht? Haben Sie die Vorgaben im Briefing verstanden? Wie gelangen Sie an Ihr Designziel? In diesem Kapitel werden wir einige Fragen behandeln, die Sie sich noch vor Beginn des Designprozesses stellen müssen.

Inhalt und Kontext

Es ist ein Fehler, zu glauben, dass Typografie eine Kunst ist oder, noch schlimmer, dass sie Kunst ist. Es ist jedoch richtig – und hier haben wir es beinahe mit einem Paradox zu tun –, dass wir unsere Persönlichkeit nicht aus dem Gestaltungsprozess heraushalten können. Selbst wenn wir versuchen, bei einem Design so objektiv wie möglich zu sein, wird im Ergebnis zwangsläufig ein Teil unserer Persönlichkeit zu erkennen sein.

Grundsätzlich strebt Design danach, Lösungen zu finden, als Antwort auf gestellte Probleme. Das ist jedoch nicht das Gleiche wie Probleme lösen. Da Design subjektiv ist, gibt es immer mehr als eine Antwort auf das jeweilige Problem. Designer müssen deshalb genau wissen, was von ihnen verlangt wird, wie sie zur gestalterischen Praxis finden und welche Rahmenbedingungen für Ihre Arbeit gelten.

Wenn ein Kunde einen Designer mit einem Projekt beauftragt, darf er zu Recht erwarten, dass man ihm genau zuhört, dass man sich seiner Belange annimmt und dass seine Interessen nicht übergangen werden, während der Designer dem Projekt seinen eigenen Stempel aufdrückt.

Design kann sehr opportunistisch sein, etwa wenn es eine flüchtige Beobachtung, einen Zufall oder ein einmaliges Ereignis aufgreift. Es kann aber auch akribisch, gründlich und exakt sein. Wenn der Designer ein Projekt benutzt, um ein persönliches Statement abzugeben, das über das hinausgeht, was von ihm verlangt wurde, haben wir es *nicht* mit Design zu tun.

Einige der besten Designarbeiten finden ihre Antworten innerhalb der Problemstellung. Form und Kommunikation werden miteinander verbunden, wobei beides gleich gut funktioniert. Die Gestaltung orientiert sich an dem, was kommuniziert werden soll, und vermittelt es auf geeignete Weise an das Zielpublikum.

Links
Die geometrischen Formen im Logo des niederländischen Konzeptstores „Coming Soon: Arnhem" – Entwurf von Experimental Jetset – greifen die modulare, rasterähnliche Inneneinrichtung des Ladens auf.

Zielgruppe

Ein wichtiger Faktor, der berücksichtigt werden muss, ist die Zielgruppe oder der Endbenutzer eines Designs. Wer wird die Arbeit sehen oder lesen? Wo wird sie erscheinen oder verfügbar sein? Wozu wird sie verwendet?

Die Identifizierung des Zielpublikums führt nicht nur dazu, dass Ihr Design Inhalte erfolgreich kommunizieren wird. Sie kann bereits bei der Entwicklung des Designs selbst Orientierungshilfe sein. Inhalt, Kontext und Form müssen sorgfältig gegeneinander abgewogen werden, doch Zielgruppe oder Leserschaft dürfen niemals übersehen oder unterschätzt werden.

Gutes Design kommuniziert nicht nur klar und eindeutig, sondern auch effektiv und effizient. Es kann einige Zeit dauern, bis ein Designer seine Zielgruppe kennt, oder besser gesagt, bis er vorausahnen kann, wie die Zielgruppe seine Arbeit wahrnehmen wird. Dieser Aspekt der Designpraxis sollte niemals zur Selbstverständlichkeit werden.

Zielgruppen haben unterschiedliche Erwartungen. Manche wollen etwas sehen, das einem visuellen Repertoire entspricht, an das sie sich im Laufe der Zeit gewöhnt haben. Andere wollen inspiriert, herausgefordert, begeistert oder unterhalten werden. Es gehört zum Beruf des Designers, zu wissen, welche Art von Arbeit er abliefern muss, um gewisse Erwartungen zu erfüllen – nicht nur die des Kunden, sondern auch die der Kunden des Kunden.

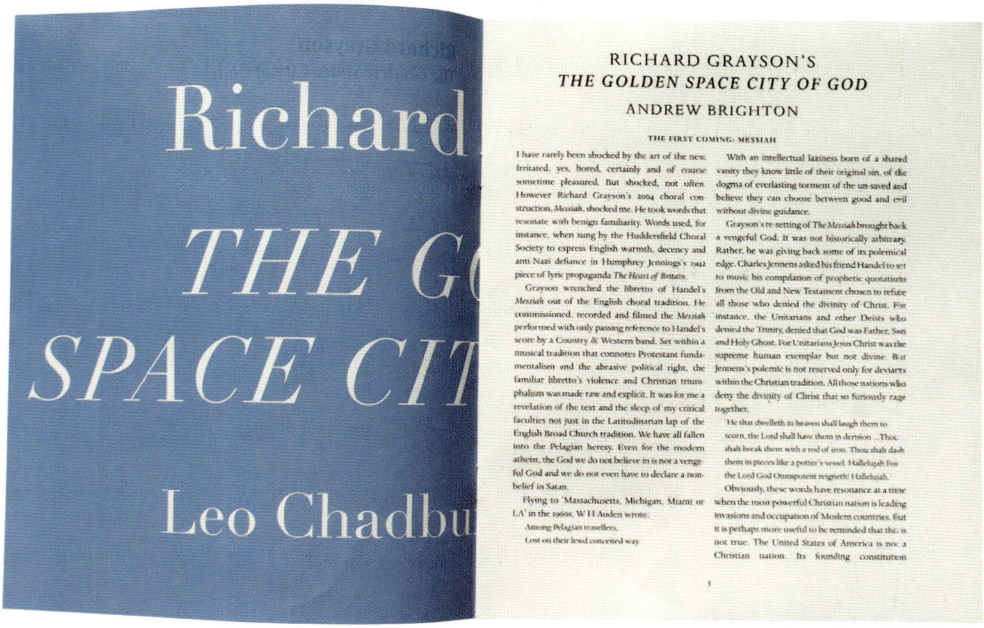

RICHARD GRAYSON'S
THE GOLDEN SPACE CITY OF GOD
ANDREW BRIGHTON

THE FIRST COMING: MESSIAH

I have rarely been shocked by the art of the new. Irritated, yes, bored, certainly and of course sometime pleasured. But shocked, not often. However Richard Grayson's 2004 choral construction, *Messiah*, shocked me. He took words that resonate with benign familiarity. Words used, for instance, when sung by the Huddersfield Choral Society to express English warmth, decency and anti-Nazi defiance in Humphrey Jennings's 1942 piece of lyric propaganda *The Heart of Britain*.

Grayson wrenched the libretto of Handel's *Messiah* out of the English choral tradition. He commissioned, recorded and filmed the *Messiah* performed with only passing reference to Handel's score by a Country & Western band. Set within a musical tradition that connotes Protestant fundamentalism and the abrasive political right, the familiar libretto's violence and Christian triumphalism was made raw and explicit. It was for me a revelation of the text and the sleep of my critical faculties not just in the Latitudinarian lap of the English Broad Church tradition. We have all fallen into the Pelagian heresy. Even for the modern atheist, the God we do not believe in is not a vengeful God and we do not even have to declare a non-belief in Satan.

Flying to 'Massachusetts, Michigan, Miami or LA' in the 1960s, W H Auden wrote:

Among Pelagian travellers,
Lost on their lewd conceited way

With an intellectual laziness born of a shared vanity they know little of their original sin, of the dogma of everlasting torment of the un-saved and believe they can choose between good and evil without divine guidance.

Grayson's re-setting of *The Messiah* brought back a vengeful God. It was not historically arbitrary. Rather, he was giving back some of its polemical edge. Charles Jennens asked his friend Handel to set to music his compilation of prophetic quotations from the Old and New Testament chosen to refute all those who denied the divinity of Christ. For instance, the Unitarians and other Deists who denied the Trinity, denied that God was Father, Son and Holy Ghost. For Unitarians Jesus Christ was the supreme human exemplar but not divine. But Jennens's polemic is not reserved only for deviants within the Christian tradition. All those nations who deny the divinity of Christ that so furiously rage together,

'He that dwelleth in heaven shall laugh them to scorn, the Lord shall have them in derision ... Thou shalt break them with a rod of iron. Thou shalt dash them in pieces like a potter's vessel. Hallelujah For the Lord God Omnipotent reigneth! Hallelujah.'

Obviously, these words have resonance at a time when the most powerful Christian nation is leading invasions and occupation of Moslem countries. But it is perhaps more useful to be reminded that this is not true. The United States of America is not a Christian nation. Its founding constitution

3

Oben
Publikation zu Richard Graysons Ausstellung „The Golden Space City of God", Matt's Gallery, London (2009), Gestaltung Phil Baines. Der Kontrast zwischen formalem Satz und verspielter Displayschrift spricht eine Zielgruppe an, die provokatives, anspruchsvolles Design schätzt.

Eignung

Als Designer liegt uns etwas daran, ein eigenes Verständnis für unser Thema zu entwickeln, und in diesem Zusammenhang hinterfragen wir manchmal auch, warum wir etwas auf eine bestimmte Art und Weise tun sollen. Schließlich wollen wir ja Entwürfe abliefern, die innovativ sind, die vielleicht sogar gegen das verstoßen, was bisher üblich war. Dieser Ansatz ist gut und richtig. Solche Überlegungen tragen dazu bei, Design an sich weiterzuentwickeln.

Designer müssen ein Gespür dafür besitzen, was passt. Eignung und Angemessenheit richtig einzuschätzen, zählt zu den wichtigsten Erwägungen bei der Produktentwicklung. Wenn wir hinterfragen, wie geeignet unsere Idee ist, bedenken wir automatisch viele designbezogene Faktoren, beispielsweise Inhalt, Kontext, Form, Verwendung und Zielgruppe.

Die Überprüfung der Eignung führt zu einigen sehr nützlichen Fragen, wie zum Beispiel: Was tue ich da? Warum tue ich es auf diese Art? Für wen? Wie wird es wahrgenommen oder benutzt?

Solche Fragen helfen uns, eine kritische Haltung gegenüber Design einzunehmen. Dabei geht es nicht nur darum, Designprobleme besser zu analysieren, sondern auch darum, zu erkennen, wie wir uns diesen am besten annähern, um Lösungen zu finden. Am Schluss stehen immer zwei Überlegungen: Für wen ist das Design? Und: Wie wird dieses Design wirken? Die Eignung eines Produkts hochzuhalten, bedeutet nicht, dass unsere Arbeit trocken und langweilig werden muss. Es bedeutet vielmehr eine ehrliche und anständige Auseinandersetzung mit unserer Arbeit.

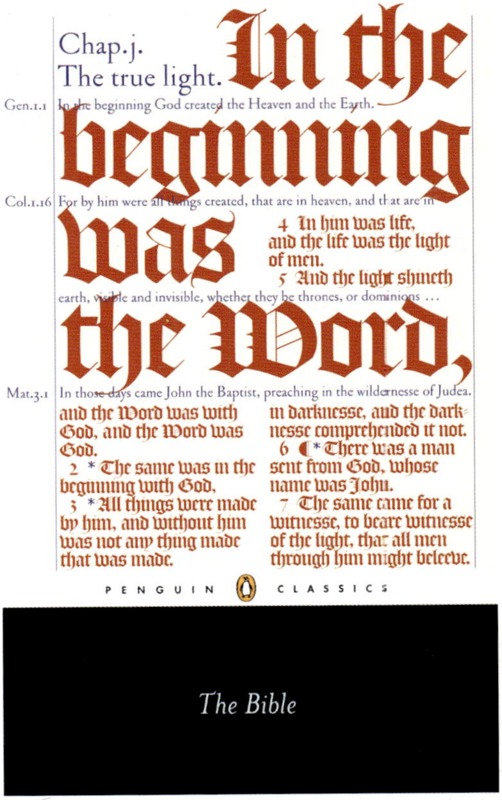

Links
Die Typografie auf diesem Fahrzeug zieht mit Sicherheit alle Blicke auf sich. Welche Dienstleistung bietet die Firma Ihrer Meinung nach an?

Oben
Catherine Dixons Typografie orientiert sich an historischen Vorbildern und zelebriert die Beziehung zwischen dem sichtbarem Wort und dem liturgischem Text.

Rechts
Hier ist bereits eine Tragödie geschehen! Für einen derart ernsten Anlass ist Comic Sans auf mehr als nur einer Ebene ungeeignet.

Vorausdenken

Vor allem in der Anfangsphase der Ausbildung zum Designer wird oft übersehen, dass Kenntnisse von den technischen Abläufen bei der Produktion schon bei der konzeptionellen Entwicklung einer Designarbeit helfen und darüber hinaus ein Arbeitsablaufmodell nahelegen.

In diesem Abschnitt wollen wir deshalb einige Produktionsschritte erläutern. Sie werden feststellen, dass Technologieverständnis in Verbindung mit einem kreativen Designansatz Sie bei der Entscheidungsfindung unterstützen kann. Genaue Kenntnisse von Produktionsmethoden und -materialien sind unerlässlich, wenn ein Designer seine konzeptionelle Arbeit effektiv umsetzen möchte. Gelegentlich können sie sogar ein konkreter Auslöser für kreative Arbeit sein.

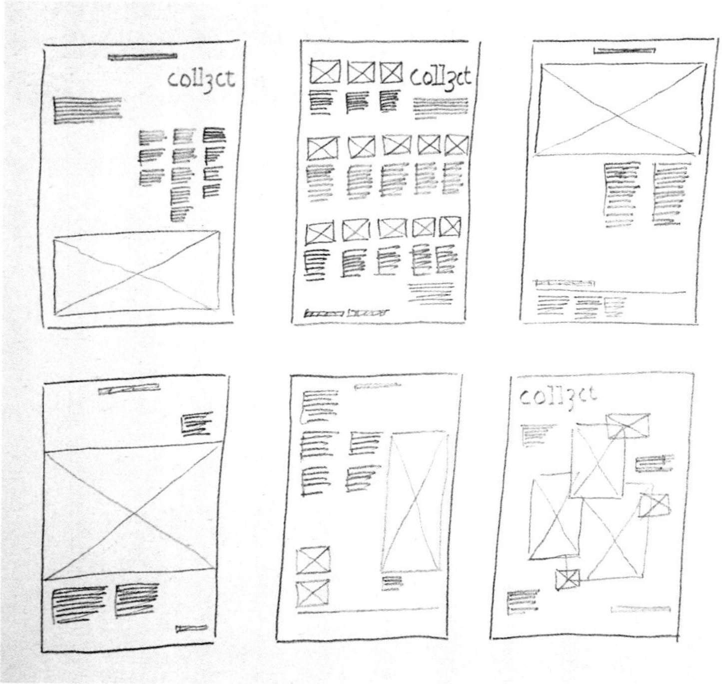

Gegenüber
Scribbles erlauben es, schon in einer sehr frühen Phase über die verschiedenen Elemente unseres Designs im Kontext nachzudenken. Im Beispiel sind zusätzlich zum Gesamtlayout das Format und der zugrunde liegende Raster angedeutet.

Oben und rechts
Eine präzise und detaillierte Zeichnung beinhaltet Format, Maße, definiertes Rastersystem und Schriftart.

Seitenpläne

Gezeichnete Seitenpläne können aus einfachen Scribbles für die Gestaltung einzelner Seiten oder aus einem etwas genaueren Schema bestehen, das die komplette Anzahl der Seiten einer Publikation und deren Abfolge verzeichnet. Meistens werden beide Formen zu einem sogenannten Kuchenbrett kombiniert, das von der ersten bis zur letzten Seite einen Überblick über die zu erledigende Arbeit gibt.

Scribbles sind sehr praktisch, wenn es darum geht, die Anordnung von Text- und Bildelementen auf einzelnen Seiten festzulegen und ihre Platzierung im Verhältnis zu den Rändern zu überprüfen. Anhand solcher Skizzen kann man auch erkennen, ob Seiten eine symmetrische oder asymmetrische Ausrichtung haben, und wie verschiedene Elemente gruppiert werden können. So gewinnt man ein Gefühl für den gestalterischen Inhalt und die Struktur der verschiedenen Seiten. Scribbles sind wenig zeitaufwendig und können klare Hinweise darauf geben, in welche Richtung ein Entwurf geht.

Mit einem „Kuchenbrett", sachlicher Struktur genannt, verschaffen wir uns einen Überblick über Gesamtmenge und Abfolge der Seiten, die wir zu gestalten haben. Es ermöglicht uns auch, diese Arbeit in handliche „Portionen" aufzuteilen. Das ist vor allem dann sinnvoll, wenn die Publikation umfangreich ist. Wenn Sie ein Buch, ein Magazin, eine Broschüre oder einen Geschäftsbericht gestalten, werden Sie wahrscheinlich mit einer Unterteilung in Abschnitte oder Kapitel arbeiten. Wie funktioniert die Farbe über längere Strecken hinweg? Sollen für unterschiedliche Abschnitte auch unterschiedliche Papiersorten verwendet werden?

Zur Typografie gehört neben der Gestaltung neuer, aufregender Designs auch eine exakte Gesamtplanung, mit der man herausfinden kann, ob eine Idee funktionieren wird. Scribbles und Kuchenbretter sollten fester Bestandteil Ihrer typografischen Praxis werden. Sie helfen nicht nur dabei, die Umsetzung eines Entwurfs zu planen, sondern können zeigen, wie Details innerhalb des großen Ganzen funktionieren oder aussehen werden, bevor wir die endgültige Version eines Designs entwickeln.

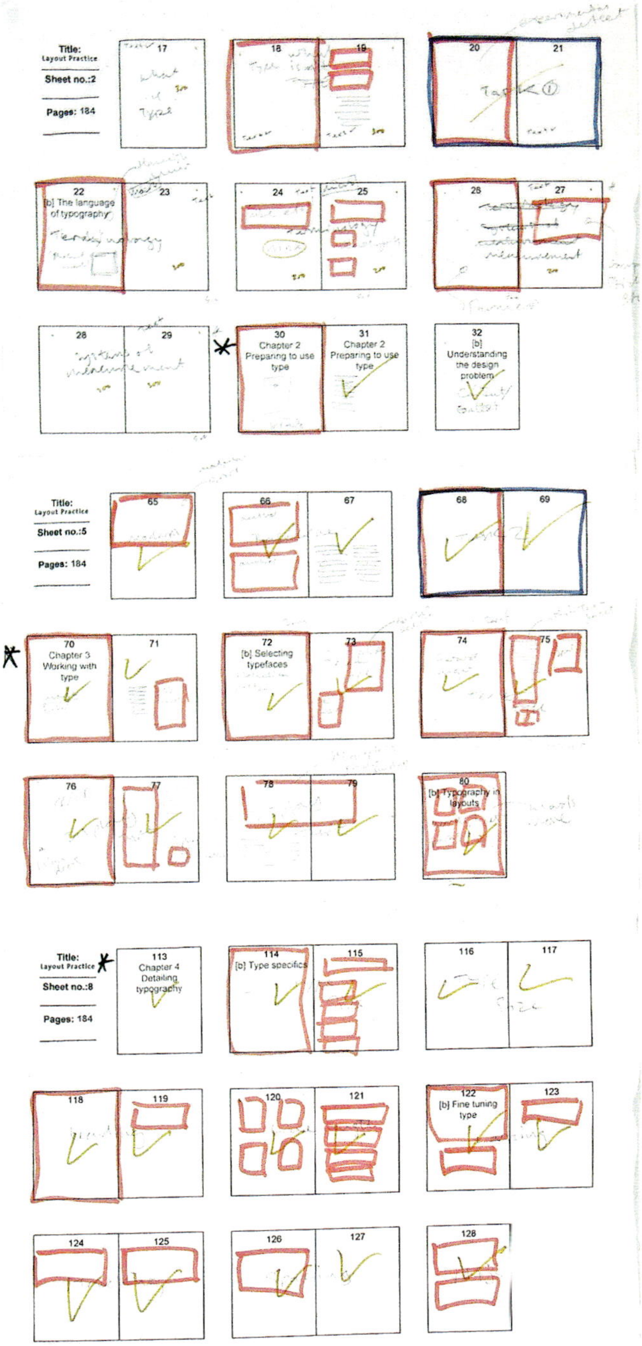

Rechts
Seitenpläne bzw. ein „Kuchenbrett" sind bei umfangreichen Projekten nützlich. Planung und Arbeitsablauf können darin zusammengefasst werden; man bekommt eine komplette Übersicht über das Projekt.

Ausschießpläne

Scribbles und Kuchenbretter helfen uns bei der Bearbeitung und Organisation von Inhalt und Abfolge bei umfangreichen typografischen Entwürfen. Kenntnisse über das Ausschießen sind nützlich, um sich vorstellen zu können, wie ein Design aus der Druckmaschine kommt.

Wenn eine Arbeit in großer Stückzahl vervielfältigt werden soll, werden wir sie wahrscheinlich nicht über den Drucker an unserem Computer ausdrucken, sondern an eine Druckerei geben.

Im Gegensatz zu einem Kuchenbrett, das wir zur Planung unserer Design-/Produktionsarbeit benutzen, zeigt ein Ausschießplan, wie die fertig gestalteten Seiten auf den großen Druckbogen angeordnet werden müssen, damit sie nach dem Falzen des Druckbogens in der richtigen Reihenfolge liegen.

Ein Ausschießplan enthält in der Regel ein Vielfaches von vier Seiten, das heißt 4, 8, 16, 32, 64 Seiten und so weiter. Wie viele Seiten auf einem Druckbogen angeordnet werden können, hängt von der Größe des Druckbogens im Verhältnis zur gestalteten Seite ab. Ein Beispiel: Wenn Sie eine Broschüre im A4-Format (210 x 297 mm) anlegen, und der Drucker mit der Bogengröße SRA2 arbeitet (mit 450 x 640 mm etwas größer als A2, damit auch Registriermarken, Schnittmarken, Farbbalken usw. Platz finden), ordnen Sie auf Vorder- und Rückseite des Druckbogens jeweils vier Seiten an. Nach dem Druck werden die Bogen gefalzt und auf A4-Format geschnitten. Die Seiten der Broschüre „fallen" dann in der richtigen Reihenfolge aufeinander.

Sie sollten wissen, wie ihr Entwurf drucktechnisch umgesetzt wird. Dadurch ergeben sich unter Umständen Möglichkeiten zur Optimierung Ihres Designansatzes, vor allem aber eröffnet es Ihnen kreative Möglichkeiten in Bezug auf Formate, Papiersorten, Druckfarben und Bindung. Mit zunehmender Praxiserfahrung und im Austausch mit Druckern werden sich Ihre Kenntnisse in diesem Bereich vertiefen.

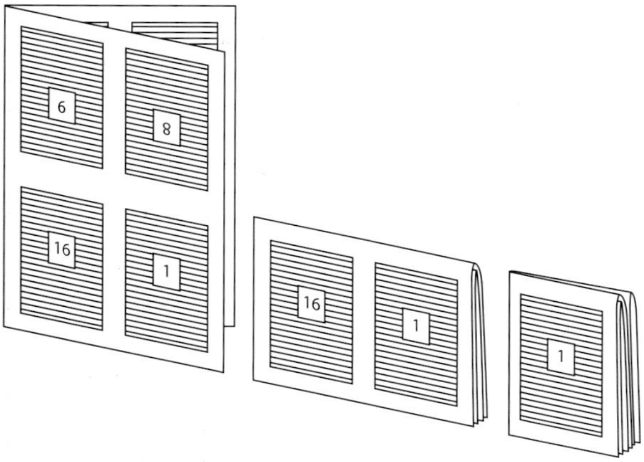

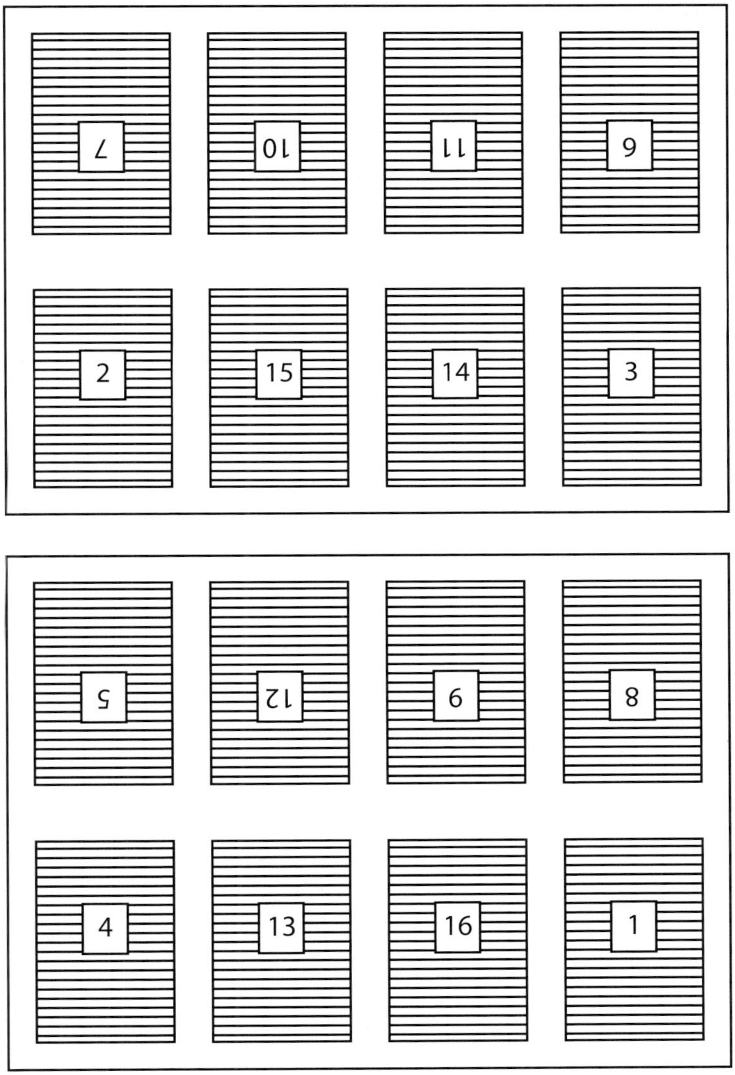

Links
Schema für einen aus 16 Druckseiten (acht auf jeder Seite) bestehenden Ausschießplan für den Offsetdruck. Ein Verständnis für Druckprozesse kann Ihre kreative und konzeptionelle Arbeit verbessern.

Gegenüber
Derselbe Ausschießplan nach dem Falzen: jetzt stimmt die Reihenfolge der 16 Seiten. Sich vorzustellen, wie die Seiten auf dem Druckbogen stehen, hilft bei der Auswahl von Papier, Druckfarben etc.

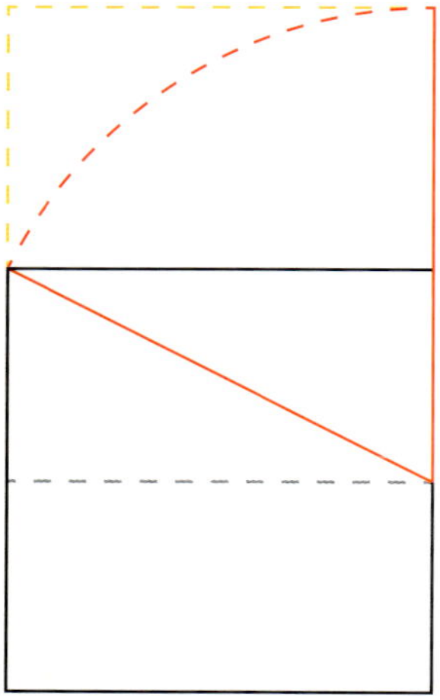

Rechteck nach dem Goldenen Schnitt, 1:1.618

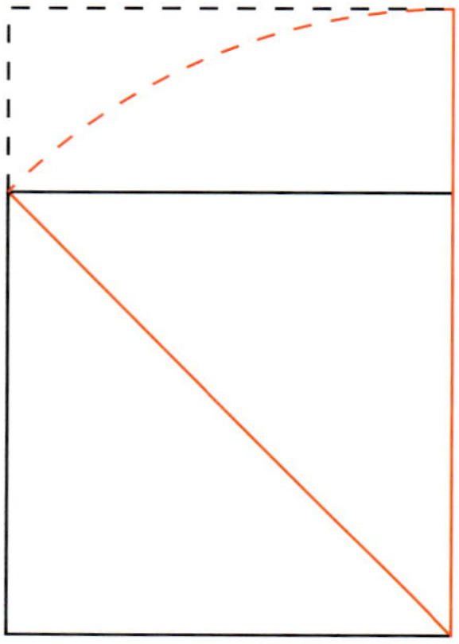

Rechteck mit Seitenverhältnis 1: Wurzel aus 2 bzw. 1:1,414 (A-Formate)

1:2

5:9

Wahl des Seitenformats

Bei der Wahl des Seitenformats für ein typografisches Design müssen viele Faktoren berücksichtigt werden. Letztendlich wird das Seitenformat von der Größe des Papiers bestimmt, auf das der fertige Entwurf gedruckt werden soll. Was selbstverständlich klingt, ist etwas komplexer, als Sie möglicherweise erwarten.

Der Druck setzt der Wahl der Größen, die man bei der Gestaltung eines Entwurfs verwenden kann, Grenzen, denn die Seiten müssen auf den Druckbogen passen. Angefangen bei Visitenkarten über Plakate bis zu Büchern (und sämtliche Drucksachen dazwischen) – Sie müssen wissen, wie gedruckt wird, bevor Sie ein Format für das Design auswählen. Das Seitenformat hat nicht nur Konsequenzen für weitere gestalterische Entscheidungen, es spielt auch für ethische oder ökologische Aspekte eine Rolle, zum Beispiel, wenn so wenig Abfall wie möglich produziert werden soll.

3:5 2:3 3:4

Oben
Gängige Papierformate, wie sie bei Drucksachen verwendet werden. Die Proportionen der A-Formate wirken im Vergleich zu den anderen ziemlich starr, vor allem, wenn man sie oft sieht.

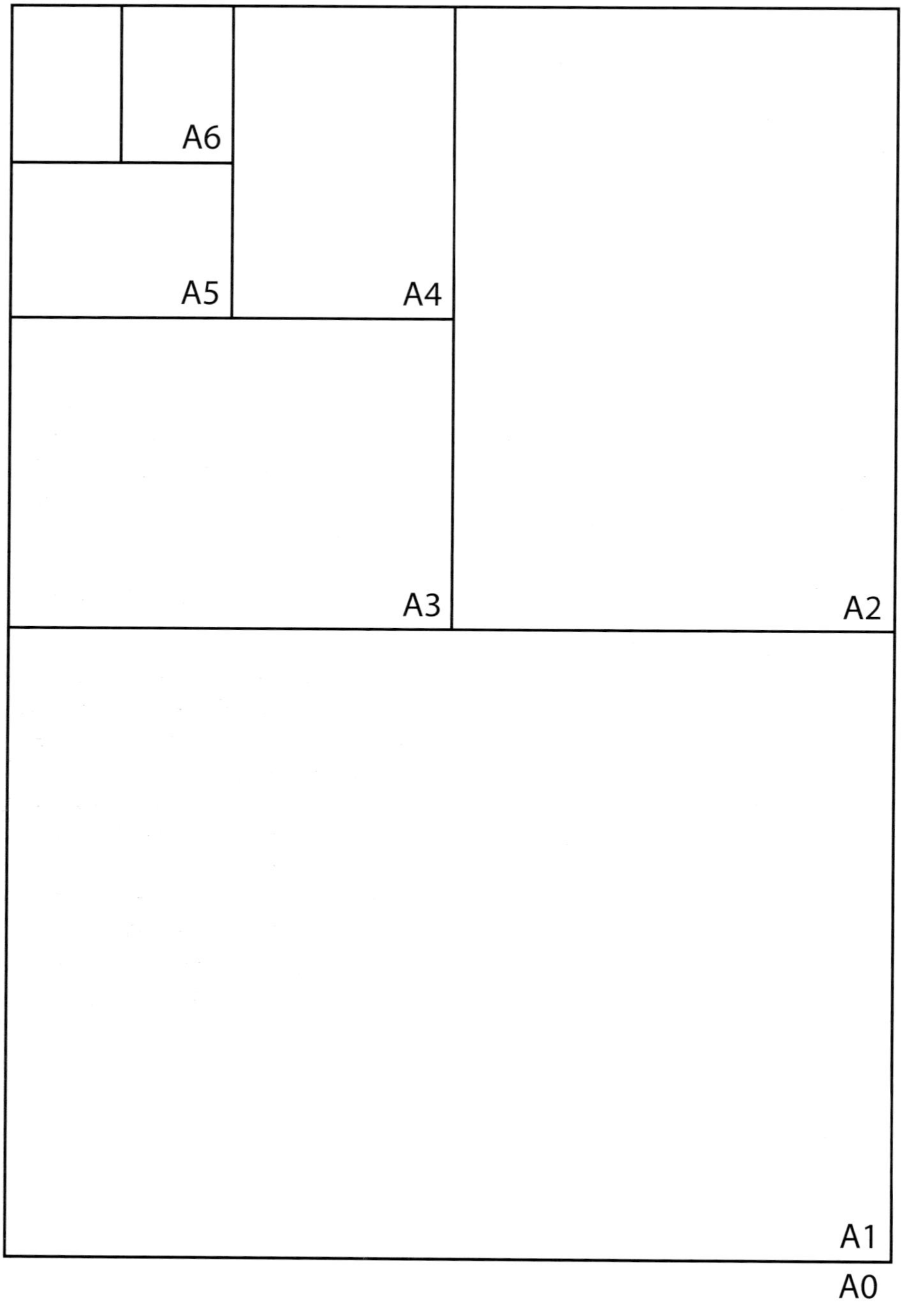
A6
A5
A4
A3
A2
A1
A0

Formatvorgaben

Genauso wichtig wie die Größe eines Seitenformats sind seine Proportionen, also das Verhältnis von Breite zu Höhe. Manchmal müssen bei der Wahl des Formats Normen eingehalten werden. So wird zum Beispiel Firmenbriefpapier in Europa fast immer im Format A4 (210 x 297 mm) gestaltet, was sinnvoll ist, da Büro- und Einzelplatzdrucker standardmäßig auf diese Größe eingestellt sind. Bei der Gestaltung eines Buchs ist es üblich, dass der Verlag das Format vorgibt, damit der Band in eine Buchreihe passt.

Die Standardgrößen der ISO-Norm gelten weltweit. In den USA und Kanada existieren parallel dazu auch andere Formatreihen. Während das ISO-System mit einem einheitlichen Seitenverhältnis arbeitet, verwendet das US-System abwechselnd zwei Verhältnisse: 17/11 = 1,545 und 22/17 = 1,294. Das heißt, Sie können eine Arbeit nicht einfach von einem Format auf ein anderes verkleinern oder vergrößern, ohne dass ein leerer Rand entsteht.

Gegenüber
Die Proportionen der A-Formate folgen einem festen System: Für das nächstkleinere Format halbiert man jeweils die längere Seite und es entsteht ein neues A-Format mit dem gleichen Seitenverhältnis.

Beim Seitenformat sind noch weitere Kriterien zu berücksichtigen. Bücher, die zum Lesen gehalten und nicht auf einem Tisch abgelegt werden, müssen gut in der Hand liegen. Auch dafür spielen Größe und Proportionen, wie auch die Gesamtzahl der Seiten, eine erhebliche Rolle.

Ein Plakat muss so groß sein, dass es sowohl aus einiger Entfernung als auch aus der Nähe gelesen werden kann. Je nachdem, wo es aufgehängt werden soll, müssen unter Umständen Abmessungen eingehalten werden. Die Plakatvitrinen an Bushaltestellen oder U-Bahn-Stationen zum Beispiel sind standardisiert. Bei anderen Designarbeiten wiederum gibt es kaum Einschränkungen bei der Formatwahl.

Produktion

Auf den folgenden Seiten werden einige Aspekte zum technischen Produktionsverfahrens erläutert, die bei der typografischen Gestaltung Berücksichtigung finden sollten. Obwohl Sie am Beginn Ihrer Karriere als Designer konzeptionellen Themen sowie der Beschäftigung mit Designproblemen zweifellos die meiste Aufmerksamkeit schenken werden, sollten Sie von Anfang an auch daran interessiert sein, wie eine Designarbeit in der Praxis produziert bzw. vervielfältigt wird. Auch dieses Wissen kann dazu beitragen, kreativ und zielgerichtet bestmögliche Lösungen zu finden.

Den größten Teil Ihrer typografischen Arbeit werden Sie an einem Computer erstellen. Die lehrreiche Gelegenheit, mit Lettern aus Holz und Metall im Hochdruck zu arbeiten, hat man heute leider nur noch selten.

Der Hochdruck ist eine gute Möglichkeit, etwas über Typografie zu lernen. Das hat keinen nostalgischen Hintergrund, sondern liegt daran, dass hier der gesamte Prozess von der Gestaltung bis zum Druck physisch greifbar wird. Das Verfahren lässt uns verstehen, was mit unserem Entwurf passiert. Wie wir ihn verändern müssen, wenn wir mehr als eine Farbe verwenden, und wie sich das wiederum auf den Druckvorgang auswirkt. Wir müssen das Papier auswählen, auf das wir drucken wollen, und darauf achten, welche Wirkung das Material auf unser Design hat. Wir müssen uns für ein Format entscheiden und überlegen, wie unser Entwurf gefalzt, geschnitten und weiterverarbeitet werden soll.

Eine ähnliche Vorstellung sollten Sie sich davon machen können, wie ein am Computer erstellter Entwurf im Druck aussehen wird. Als Neuling werden Sie die meisten Ihrer Arbeiten auf einem Laser- oder Tintenstrahldrucker ausdrucken. Wenn ein Design jedoch in großen Mengen reproduziert werden soll, werden Sie auf kommerzielle Verfahren wie Digital-, Offset- oder Tiefdruck zurückgreifen müssen.

Oben
Größe der Lettern, Anordnung und Farbtrennung gehören zu den Faktoren, die wir beim Hochdruck bedenken müssen. Erfahrungen in der Herstellungspraxis zahlen sich aus.

Dummies

In einem unterscheiden sich Typografen und Grafikdesigner nicht von anderer Designern: Wenn wir an etwas arbeiten, erstellen wir zu einem gewissen Zeitpunkt einen Dummy. Diese Attrappen können selbst überzeugende Designleistungen sein. Wie wir arbeiten auch Architekten in der ersten Phase eines Projekts häufig mit Skizzen und Zeichnungen. Wie wir bauen auch sie von ihren Entwürfen Modelle. Allerdings würde ein Architekt wohl kaum ein 1:1-Modell des von ihm entworfenen Gebäudes anfertigen und es mit dem echten Verblendstein und funktionierenden Details wie Fenstern und Türen ausstatten.

Das ist aber genau das, was wir Typografen und Grafikdesigner tun, wenn wir einen guten Dummy (auch Maquette oder Mock-up genannt) anfertigen. Wir verwenden echten Text, die richtige Schrift und Bildmaterial. Vermutlich haben wir uns auch beim Farbeinsatz bereits entschieden. Und gerade weil wir mit Material arbeiten, das man schon für das fertige Produkt halten könnte, versäumen wir es manchmal, weitere wichtige Fragen zu stellen.

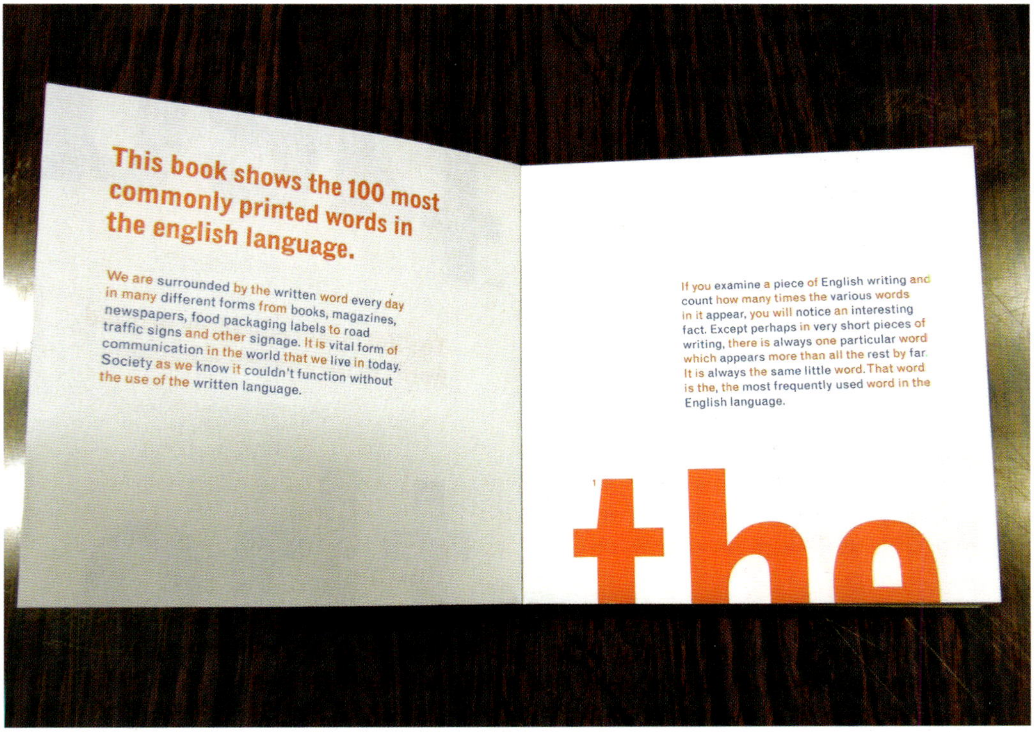

Welches Druckverfahren eignet sich zur Ausführung des Entwurfs? Welche Druckfarben werden benötigt? Welche Angaben zum Falzen und Binden sind erforderlich? Welche Materialien stehen für die Produktion zur Verfügung?

Das sind nur einige der Fragen, die wir uns im Verlauf des Designprozesses stellen müssen. Doch für Studenten, die sich mit Grafikdesign und Typografie beschäftigen, sollten sie nicht überraschend kommen. Schließlich erwarten Sie von einem Architekten ja auch, dass er sich mit Statik, Baustoffen, Bauvorschriften, Belastung und Materialbeanspruchung auskennt.

Gegenüber
Diesem Dummy für ein Lehrbuch der ISTD sieht man an, dass bei seiner Herstellung sehr sorgfältig gearbeitet wurde.

Oben
Der gute Eindruck setzt sich auf den Seiten fort. Auf Papier, Format, Druck und Bindung wurde nicht weniger Wert gelegt als auf Konzept und Design.

Papier

Das Trägermaterial ist am Erfolg eines typografischen Designs beteiligt. Es kommt sogar vor, dass es allein von ihm abhängt, ob ein Design „funktioniert". Gemeint ist das Material, auf das gedruckt wird – meistens Papier oder Karton. Wenn unser Entwurf am Computer entsteht, werden wir unsere Arbeit zuerst wahrscheinlich auf hochweißem Papier, wie es sich für Laser- und Tintenstrahldrucker eignet, ausdrucken. Auf diesem Papier liefern zwar Toner und Tinten Bestleistung, subtile Feinheiten oder taktile Eigenschaften des Designs bleiben aber leider auf der Strecke.

Es ist nicht übertrieben, zu behaupten, dass die Auswahl eines guten – besser gesagt des richtigen – Papiers über Erfolg oder Misserfolg eines Designs entscheiden kann. Doch müssen dabei nicht nur Farbe und Haptik des Papiers richtig gewählt sein, auch sein Gewicht spielt eine Rolle. Das Papiergewicht wird üblicherweise in Gramm pro Quadratmeter (g/m^2) oder in Mikron (vor allem bei Karton) angegeben.

Außerdem wird zwischen gestrichenem und ungestrichenem Papier unterschieden. Gestrichenes Papier ist in der Regel mit einem Füllstoff, zum Beispiel Kaolin, beschichtet, damit es eine glattere Oberfläche bekommt. Dies kann die Opazität – die Lichtdurchlässigkeit – des Papiers, seine Farbaufnahme und den Glanz oder die Anmutung des gedruckten Bildes verbessern. Gestrichene Papiere werden mit unterschiedlichem Finish angeboten, von matt bis hochglänzend.

Ungestrichene Papiere lassen das Druckbild natürlicher wirken. Sie blenden in der Regel weniger, was vor allem dann von Vorteil sein kann, wenn es auf den Kontrast zwischen Typografie und Trägermaterial ankommt. Lesebücher, zum Beispiel Romane, werden oft auf ungestrichenem Papier gedruckt, das in der Regel grauweiß oder cremefarben ist. Ein solches Papier strengt das Auge weniger an als hoch- oder hellweißes Papier, wodurch das Lesen leichter fällt. Es lohnt sich, das Angebot von Papierherstellern und -lieferanten zu kennen. Der Aufbau einer eigenen Papier- und Kartonmustersammlung ist dem angehenden Typografen nur zu empfehlen.

Links
Für dieses Buch, das sich zum Plakat entfalten lässt, wurde lichtdurchlässiges Papier verwendet. Gelesen wird zweidimensional, auf der Oberfläche des Papiers, und dreidimensional durch die sich auffaltenden Seiten hindurch. Das Papier ist ausschlaggebend für den Erfolg des Designs.

Gegenüber
Die Details einer Papiersorte stehen häufig erst an zweiter Stelle, sollten aber besser gleich mitberücksichtigt werden.

Druckfarben

Die meisten Geräte, mit denen wir drucken, basieren auf den Technologien für Laser- oder Tintenstrahldrucker. Das gilt auch für den kommerziellen Digitaldruck. Dieses Druckverfahren hat viele Vorteile. Digitale Proofsysteme arbeiten extrem schnell, und der digitale Druck ist im Vergleich zu anderen Verfahren verhältnismäßig günstig. Wenn wir jedoch eine Drucksache gestalten, die in einer großen Menge (etwa ab 500 Exemplaren) vervielfältigt werden soll, wird dafür bevorzugt Offsetdruck verwendet.

Wenn wir mit einem Laser- oder Tintenstrahldrucker drucken, werden die Dateien so verarbeitet, dass wir einen Kompositdruck mit allen in unserem Design verwendeten Farben erhalten. Das heißt, die Software zwischen dem von uns verwendeten Programm und dem auf dem Drucker installierten Programm interpretiert die Farben, die wir festgelegt haben, um das bestmögliche Ergebnis zu erzielen.

Wenn Ihr Design in Druck gehen soll, spielen die Druckfarben, die zum Einsatz kommen, eine große Rolle. Die gewünschten Farbtöne sollten für den Druck im CMYK-Farbmodell angegeben werden, das heißt, als eine Zusammensetzung aus Cyan, Magenta, Yellow und dem Schwarzantei (Key). Diese Angaben sind notwendig, da die Vorlage beim Offsetdruck „farbsepariert" wird, und die vier Druckfarben in einem entsprechenden Anteil nacheinander übereinandergedruckt werden. Es sei denn, Sie arbeiten mit Schmuckfarben (auch Vollton- oder Sonderfarben genannt), die Sie zum Beispiel aus dem Pantone Matching System® (PMS) auswählen können.

Schmuckfarben sind einzelne Farben, die einen bestimmten Farbton wiedergeben und in Farbanpassungssystemen definiert sind. Diese Farben sind aufgrund der speziellen Pigmente, aus denen sie hergestellt werden, mit dem Vierfarbenprozess des CMYK-Farbmodells meist nur schwer darzustellen. Eine eingeschränkte Farbpalette muss jedoch nicht zwangsläufig ein Nachteil für ein Design sein. Ein zweifarbiges Design, das zum Beispiel mit einer Schmuckfarbe und Schwarz auskommt, kann sehr wirkungsvoll sein. Außerdem kann man auf diese Weise die Kosten für den Offsetdruck reduzieren, da weniger Druckplatten gebraucht werden.

Gegenüber
Farben, Druckfarben und Produktion – Faktoren, die bei der Vervielfältigung eines Designs bedacht werden müssen.

Oben
Für mehr Leuchtkraft wurden bei diesem Plakat zwei Farben aus dem Pantone Hexachrome® System verwendet.

Weiterverarbeitung

Wenn Sie mit einer Druckerei zusammenarbeiten, stehen Ihnen Möglichkeiten offen, die über das, was ein Desktopdrucker zu bieten hat, weit hinausgehen. Die Auswahl eines geeigneten Papiers und die Definition der gewünschten Farben sind nur der Anfang. Wie wäre es mit Metallfarben, Überdrucken, Laminierung, Lackierung oder Folienprägung? Falzen, Rillen, Prägen oder Stanzen? Um nur einige Methoden der Veredelung und Weiterverarbeitung zu nennen.

Kein Designer kennt sich von Anfang an mit allen diesen Verfahren aus, doch man sollte zumindest von ihnen gehört haben. Der Kontakt zu einer guten Druckerei kann sehr nützlich sein. Sie werden von den Profis viele Tipps bekommen und so im Laufe der Zeit lernen, was machbar ist.

Grundsätzlich gilt, wie in so vielen anderen Bereichen auch, dass Sie die Möglichkeiten der Druckweiterverarbeitung sehr bewusst einsetzen sollten. Raffinierte Extras machen keinen Sinn, wenn das Design selbst nichts taugt. Auch eine aufwendige Weiterverarbeitung kann schlechtes Design nicht retten. Im Gegenteil, nicht selten macht man damit sogar auf Schwachstellen aufmerksam. Ein gut durchdachter, kluger Einsatz kann einem Design jedoch das gewisse Etwas verleihen, das nur auf diesem Wege zu erreichen ist.

Oben
Die Verpackung ist Teil der von MadeThought entwickelten Identity für The Mill. Das hochwertige Material und die aufwendige Weiterverarbeitung sind entscheidend für die Wirkung.

Bindung

Unter Bindung versteht man den Prozess, die losen Druckbogen (Signaturbogen) in der richtigen Reihenfolge zusammenzulegen und miteinander zu verbinden. Häufig gehört dazu auch die Herstellung eines Einbands, mit dem die Seiten geschützt werden.

Es gibt gängige Bindetechniken, dazu kommen zahlreiche Sonderformen. Auch die Bindung gehört zu den Dingen, über die sich ein Typograf bei der Produktion mehrseitiger Entwürfe von Anfang an Gedanken machen sollte.

Sammelheftung

Bei der Sammelheftung werden die Seiten zusammengeklammert. Auf diese Weise können Publikationen oder Bücher mit bis zu 80 Seiten gebunden werden. Es gibt keinen Rücken, auf den man den Titel oder sonstige Informationen aufdrucken könnte.

Klebebindung

Die Seiten werden in der richtigen Reihenfolge gesammelt und zum Buchblock zusammengelegt. Auf dem Rücken des Blocks wird Heißleim aufgetragen, anschließend wird der Einband (in der Regel aus Papier oder dünnem Karton) mit dem Rücken verbunden. Wenn der Leim trocken ist, werden Block und Einband oben, unten und am Außensteg geschnitten. Die Klebebindung wird vor allem für Magazine, Broschüren und Taschenbücher verwendet.

Hardcoverbindung

Wie der Name schon sagt, wird diese Bindung vor allem für Hardcover verwendet. Die Signaturbogen werden zusammengefügt und miteinander vernäht (geheftet), um für Stabilität zu sorgen. Der Buchblock wird auf drei Seiten geschnitten, dann werden Deck- und Endblatt auf die Innenseiten des Buchdeckels geklebt. Auch klebegebundene Buchblöcke lassen sich in feste Buchdeckel „einhängen“, sodass die Kosten für das Zusammenheften wegfallen; diese Art der Bindung ist jedoch weniger haltbar.

Andere häufig angewandte Bindetechniken sind Drahtheftung, Spiralheftung (Ringbindung), Drahtkammbindung, Querheftung, Leporello-Bindung, Klebebandbindung und Streifenbindung. Das sind jedoch nur einige der Möglichkeiten, die dem Designer zur Verfügung stehen. Auch hier ist ausführliche Recherche und Planung erforderlich.

Oben
Beispiele für verschiedene Bindetechniken. Von oben nach unten: Koptische Bindung oder Kettenstich, Klebebindung, Kammbindung, Sammelheftung oder Stapelheftung und die Hardcoverbindung.

2.3 Rastersysteme

Ordnung und Struktur

Grafikdesigner und Typografen arbeiten häufig mit Rastern, um Text- und Bildmaterial im Verhältnis zur Seite anzuordnen. Raster können Struktur, Ordnung und Klarheit in ein Design bringen. Nicht jeder typografische Entwurf bedarf eines Rasters, und viele erfolgreiche Designs und Designer kommen ohne aus. Aber die Verwendung eines einfachen Rastersystems stellt die Wahrung von Proportionen und Exaktheit sicher. Die meisten guten Designer sehen Raster als einen methodischen Rahmen für ihre Kreativität an.

Üblicherweise besteht ein Raster aus einem Gerüst aus Hilfslinien, die den Raum begrenzen, auf dem Text und Bildmaterial platziert werden können, und anzeigen, welche Flächen unbedruckt bleiben sollen, zum Beispiel Stege (Abstände zwischen Spalten oder Ränder). Raster können aus einem einzelnen Textblock bestehen, wie zum Beispiel beim Layout für einen Roman, es gibt aber auch mehrspaltige oder modulare Rastersysteme, wie man sie im Zeitungs- und Magazindesign verwendet. Die Komplexität eines Rasters variiert je nach Gestaltungsaufgabe. Den Lesern oder Betrachtern des fertigen Designs bleibt der Raster verborgen, wie der größte Teil der typografischen Arbeit.

Raster können mathematisch berechnet und konstruiert werden. Wie bei anderen Aspekten des typografischen Designs entscheidet aber letztendlich das Auge, ob etwas visuell funktioniert oder nicht. Ein Raster ist eine Gestaltungshilfe und sollte nicht zur typografischen „Zwangsjacke" werden. Manchmal muss der Raster aufgebrochen oder verändert werden, damit ein Entwurf funktionieren kann. Das ist kein ungewöhnlicher Vorgang. Setzt man einen Raster richtig ein, bildet er eine Art Rahmen, in dem ein Design zur Entfaltung kommen kann. Er sollte niemals eine Entschuldigung für Monotonie sein.

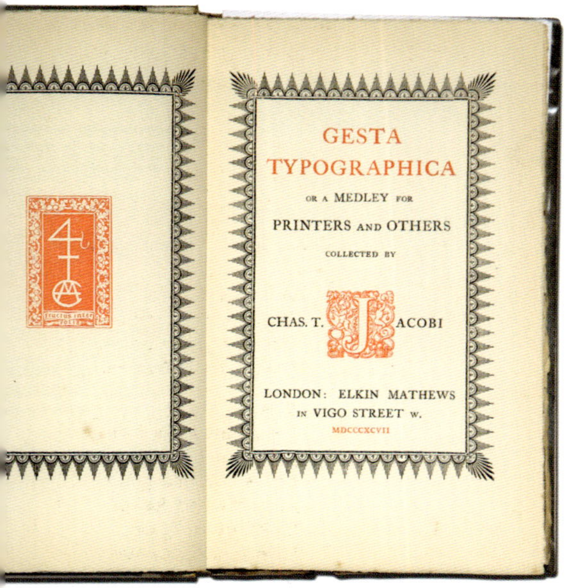

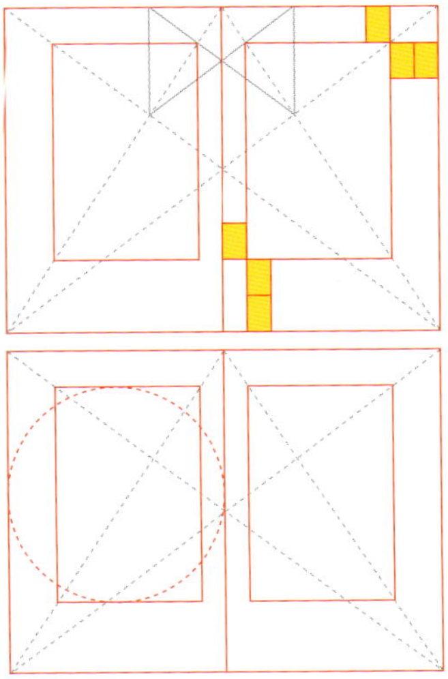

Die Formgesetze Jan Tschicholds erinnern an ein anderes bekanntes Proportionssystem, den „Goldenen Schnitt" mit einem Teilungsverhältnis von 1:1,618. Auch bestimmte Kombinationen von Zahlen der Fibonacci-Folge ergeben Proportionen, die denen des Goldenen Schnitts gleichen, zum Beispiel 3:5, 5:8 und 21:43. Es ist allerdings ein Irrtum, dass heute gebräuchliche Formate, beispielsweise der A-Serie für Papierformate, dem Goldenen Schnitt vergleichbare Seitenverhältnisse aufweisen. Tatsächlich haben diese Formate ein Teilungsverhältnis von 1:1,414.

Genau genommen sind Proportionsschemata und Teilungsverhältnisse keine Rastersysteme, doch es zahlt sich aus, wenn man sich damit auskennt. Es ist kein Zufall, dass viele Künstler und Designer solche Lehren zur Gestaltung ihrer Werke verwendet haben. Zumal vieler dieser Proportionen auch in der Natur zu beobachten sind und daher Harmonie für unser Auge bedeuteten, das sie – unbewusst – bereits kennt.

Konventionelle Raster

Der Begriff bezeichnet Raster, die sich für das Verhältnis von bedruckter und unbedruckter Fläche an den Proportionsgesetzen der Frühdrucke orientieren. Man erkennt diese besonders deutlich in alten Handschriften, bei denen die Schreiber Ränder, Spalten und Hilfslinien für jede zu schreibende Zeile festgelegt haben. Die erste gedruckte Bibel von Gutenberg imitierte dieses Erscheinungsbild und übernahm Seitenaufteilung und Proportionen der Handschriften. Konventionelle Raster sind solche, die für das Buchdesign entwickelt wurden. Egal, ob für gedruckte Werke oder für Handschriften.

Zur Festlegung der Proportionen von Satzspiegel und Stegen auf einer Buchseite können Tschicholds Kanons für die Seitenverhältnisse 2:3 und 3:4 angewendet werden. Sie lassen sich auch auf andere Formate übertragen.

Gegenüber
Klassische Proportionsprinzipien finden sich auf vielen alten Buchseiten.

Oben
In der klassischen Buchgestaltung ist das Verhältnis von Seitengröße zu Stegen und das von Breite und Höhe des Satzspiegels zur Seitengröße genau festgelegt.

Gegenüber
Die bahnbrechenden Leistungen von Schweizer Grafikdesignern und Typografen wie Josef Müller-Brockmann bei der Entwicklung von Rastersystemen wirken bis heute nach. Diesem Plakat verleiht ein achtspaltiger Raster Struktur.

Moderne Raster

Wo und wann der moderne Raster für Grafikdesign und Typografie entwickelt wurde, lässt sich heute nicht mehr feststellen. Die Entwicklung des Rasters war (und ist) in vieler Hinsicht ein Entwicklungsprozess. Frühe und späte Designschulen der Moderne in Europa erforschten durch Kunst und Design die Möglichkeiten des Rasters.

Eine wichtige Rolle spielte dabei der „Modulor", ein von dem Architekten Le Corbusier entwickeltes Proportionssystem, das auf dem Goldenen Schnitt und den menschlichen Maßen beruht. Dieses System mit seinen schier endlosen Möglichkeiten verwendet die Höhe des menschlichen Körpers, die Höhe des ausgestreckten Arms, die Höhe des Solarplexus und die Höhe vom Boden bis zum Schritt als Basis für die Aufteilung des Raums. Es leuchtet ein, dass Le Corbusier als Bezugspunkt für sein System den menschlichen Körper wählte, denn die von ihm geschaffenen Häuser Räume sollten von Menschen bewohnt werden. Doch Le Corbusier zeigte auch, wie der Raster auf die gedruckte Seite angewendet werden konnte.

In den 1950er und 60er Jahren waren Arbeiten aus Zürich, Basel und Ulm maßgeblich daran beteiligt, dass der Raster auch im Grafikdesign Verwendung fand.

Designer wie Joseph Müller-Brockmann und Karl Gerstner bauten mit ihren Manifesten und Theorien zum Raster und seiner Anwendung darauf auf. Es folgten Handbücher mit Methoden für die Erstellung von und die Arbeit mit Rastersystemen, von der Teilung des horizontalen und vertikalen Raums im Verhältnis zur Seite und den für Text- und Bildmaterial vorgesehenen Flächen bis zum metaphysischen Konzept des Rasters als Programm bzw. ganzheitlicher Weg zur Problemlösung im Design.

Bei der Verwendung von Rastern in einem typografischen Design müssen sowohl Inhalt als auch Kontext des Entwurfs berücksichtigt werden. Es gibt keine festen Vorgaben, an welchem Punkt im Designprozess ein Rastersystem eingesetzt werden sollte. Es wird wohl eher in einer frühen Phase des Prozesses geschehen, vielleicht aber auch erst, wenn das Ausgangskonzept steht. Unter Umständen wird durch die Festlegung von Schrift und Zeilenlänge auch ein Schritt zurück, eine Überarbeitung des Grundkonzepts, erforderlich. Eine Zeilenlänge zum Beispiel ist ein Richtmaß dafür, wie breit die Spalten eines Rasters sein sollten. Und nicht vergessen: Das Design hat Priorität – der Raster ist kein Korsett, sondern eine Orientierungshilfe.

Exhibition, symposium, public lecture and workshop
coll3ct
cultures of collecting
Cultures of collecting
Private view
Monday 7 March
Open to the public
Monday to Friday
Admission free
Eldon Building
Winston Churchill Avenue
Symposium
Cultures of Collecting
Wednesday 23 March
Eldon Building
Winston Churchill Avenue
Public lecture
Wednesday 23 March
Park Building
King Henry Street
Workshop
Meet the Exhibitors
Thursday 24 March
City Museum
Museum Road
Booking required
Denise Callender
denise.callender@port.ac.uk
Further details
Symposium, workshop and
public lecture, visit
Exhibitors
Jon Adams
Dr Jackie Batey
Denise Callender
Jane Chandler
Julie Chappell
Mark Eyles
Patricia Garvey
Professor George Hardie
Professor Sue Harper
Judy Harrison
Michelle Littlewood
Jacqui Mair
Dr Maureen O'Neill
Martin Robinson-Dowland
Alan Wood
Symposium speakers
Dr Jenny Walden
Martin Robinson-Dowland
Professor George Hardie
Dr Patricia Skinner
Rhiannon Williams
Public lecture
Rosalinda Hardiman
Workshop
Dr Jenny Walden
Alison Carter
Norma Walker
University of
Portsmouth

Rasterarten

Im Folgenden werden einige einfache Rastersysteme beschrieben, die Sie jedoch vor einer praktischen Anwendung auf ihre Eignung für ein bestimmtes Designprojekt prüfen und gegebenenfalls anpassen müssen.

Einfache typografische Raster

Einfache Raster bestehen manchmal nur aus mehreren vertikalen Spalten zur Aufnahme von Text- und Bildmaterial und geben eventuell noch die Breite der Stege, der Spaltenzwischenräume und der Ränder vor. Unter Umständen sind schmalere Unterspalten erforderlich, um Gestaltung und Layout flexibler zu machen. Textbreiten können ein Vielfaches der schmaleren Spalten betragen, damit das Design unterschiedliches Material aufnehmen kann und Fluss und Stil von Seite zu Seite oder Abschnitt zu Abschnitt wechseln können, ohne dass dies die Inhaltsvermittlung beeinträchtigt.

Modulare Raster

Modulare Raster gehen auf die Schweizer Typografie im „Internationalen Stil" der 1950er und 60er (siehe auch Seite 97) zurück. Modulare Raster sehen neben einer vertikalen Unterteilung des Raums auch eine horizontale vor, sodass Einheiten, genannt Zellen, entstehen. Die Höhe der Zellen kann von der Schriftgröße des Textes und dem Durchschuss abhängen. Ein Vielfaches der Zeilenhöhe ist eine geeignete Basis für die Definition der Zellen.

Ein Beispiel: Zehn Zeilen mit einer 10-pt-Schrift und 12 pt Durchschuss würden eine Zellhöhe von 120 pt innerhalb des Rasters erlauben. Die Zellen werden sowohl vertikal als auch horizontal durch einen Zwischenraum getrennt, der einem Steg entspricht.

Symmetrische Raster

Symmetrische Raster sitzen mittig auf einer Seite (Folio), sodass linker und rechter Rand gleich sind. Der Begriff kann auch auf ein Rastersystem angewendet werden, das für zwei gegenüberliegende Seiten verwendet wird und eine symmetrische Spiegelung von Stegen und Satzspiegel vorsieht. Die Ränder sind nicht zwangsläufig gleich. Sie verlaufen links und rechts vom Satzspiegel auf den einzelnen Seiten und werden auf der Doppelseite gespiegelt.

Asymmetrische Raster

Diese Raster sind nicht mittig ausgerichtet und werden als Einzelseiten oder kombiniert auf Doppelseiten verwendet. Wenn sie auf Doppelseiten verwendet werden, wird der Raster nicht von einer Seite auf die andere gespiegelt, sondern meist von Seite zu Seite an einer bestimmten Stelle wiederholt. Bei asymmetrischen Rastersystemen spielt das Verhältnis der Ränder zueinander eine besondere Rolle für das Funktionieren des Layouts.

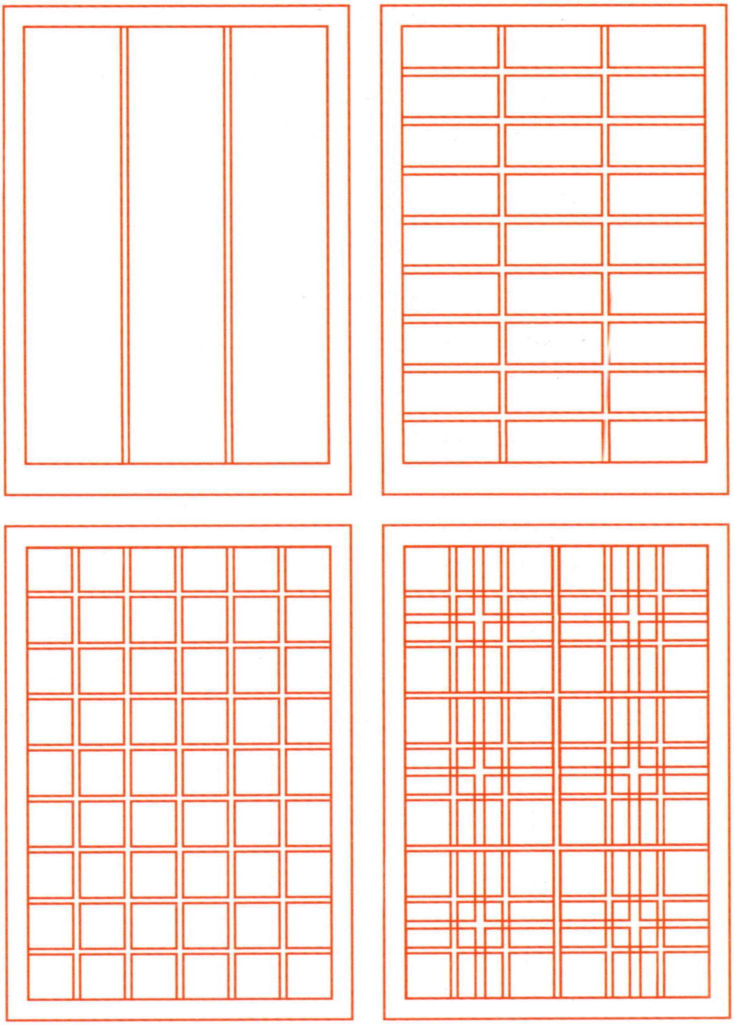

Oben
Raster bestehen häufig aus einfachen Spalten, sie können jedoch auch als komplexe modulare Systeme angelegt werden, die mehr Flexibilität bieten.

Grundlinienraster

Mit einem Grundlinienraster können Sie ein typografisches Layout noch stärker strukturieren als mit anderen Gestaltungsrastern. Ein Grundlinienraster eignet sich für Vorgaben zum Zeilenabstand und zum Ausrichten des Fließtexts. Der Abstand zwischen den horizontalen Linien ergibt sich aus der verwendeten Schriftart und dem passenden Durchschuss. Ein Beispiel: Wenn wir mit einer 10 pt Times und 12 pt Durchschuss arbeiten, ist dies zugleich der Wert für die Abstände zwischen den Rasterlinien.

Wie alle Rastersysteme ist auch der Grundlinienraster nicht dazu gedacht, die Entwicklung eines Designs vorzugeben. Er ist ein Hilfsmittel, das ein einheitliches Design gewährleisten soll, und ist vor allem dann sinnvoll, wenn man große Mengen Text in mehreren Spalten unterbringen will. Der Grundlinienraster vereinfacht die genaue Ausrichtung der Textspalten auf einer Doppelseite oder durch eine ganze Publikation hindurch. Manchmal wird dieser Vorgang als „gegenseitige Ausrichtung" oder „Ausrichtung am Raster" bezeichnet. Mit gängigen Softwareprogrammen lassen sich Grundlinienraster schnell und einfach erstellen, in der Regel findet man diese Option im Menü „Einstellungen". Eventuelle Ränder werden automatisch miteingerichtet. Zudem kann mit einer weiteren Menüoption die Schrift am Grundlinienraster ausgerichtet werden, sodass ein Teil des Ausrichtungsprozesses automatisiert wird.

Dass als Maß für den Grundlinienraster der von der Schriftgröße abhängige Durchschuss verwendet wird, liegt daran, dass diese Art von Raster in erster Linie für die Gestaltung von großen Textmengen verwendet wird, vor allem im Publikationsdesign. Darüber hinaus ist es sehr mühsam und zeitaufwendig, kleine Schriftgrößen visuell auszurichten.

Auch andere typografische Elemente innerhalb des Layouts können am Grundlinienraster ausgerichtet werden, beispielsweise Kolumnentitel, Haupttitel, Untertitel, Vorspann usw. Es kann sinnvoll sein, bei Festlegung der Größe anderer Schriftelemente ein Vielfaches oder Teilungen des für den Textkörper definierten Durchschusses zugrunde zu legen. 22 pt Times mit 24 pt Durchschuss zum Beispiel würde eine Ausrichtung an jeder zweiten Linie des 12-pt-Grundlinienrasters erlauben.

Der Grundlinienraster sollte entwicklungsfähig sein. Bei unserem Beispiel mit 10 pt Times und 12 pt Durchschuss würde eine 6-pt-Grundlinie bedeuten, dass die Schrift auf jeder zweiten Linie sitzt. Legt man es so an, können Texte in kleinerer Schrift, beispielsweise Bildunterschriften und Fußnoten, flexibler gehandhabt werden. Auch hier gilt: Der Grundlinienraster sollte das Design nicht hemmen, sondern vielmehr als virtuelles typografisches Sicherheitsnetz betrachtet werden.

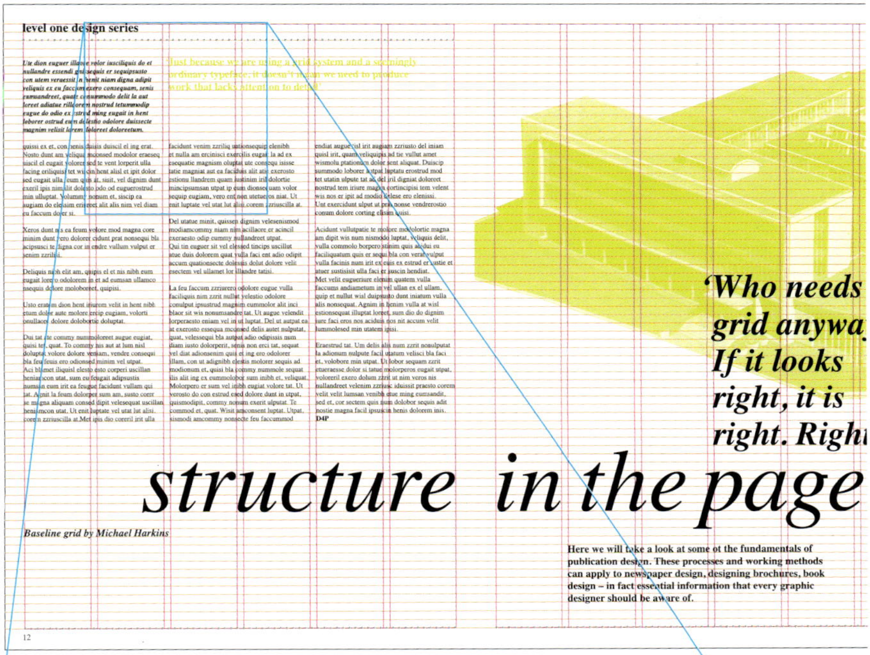

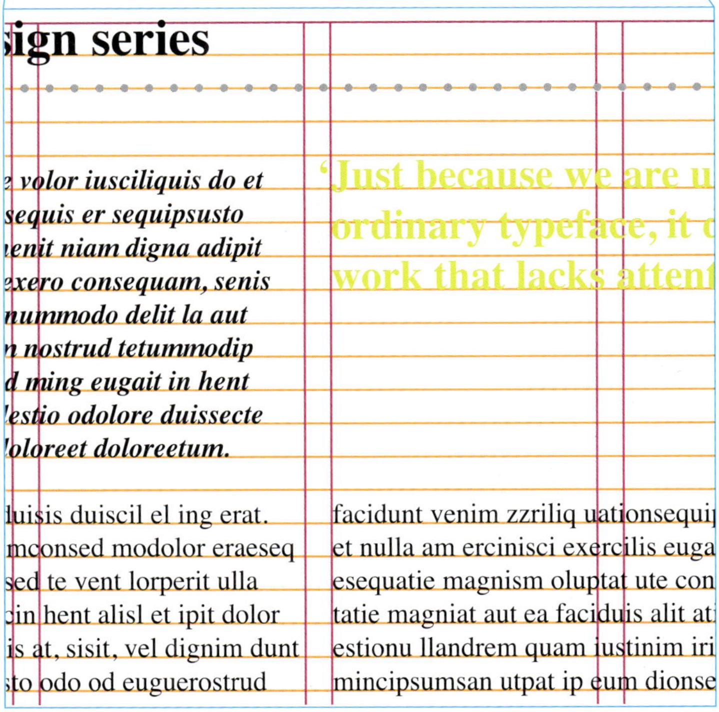

Oben
Die Grafik zeigt ein 12-pt-Grundlinienraster für eine Doppelseite, das mit einem sechsspaltigen Raster kombiniert wurde. Schriftgröße und Durchschuss der einzelnen Layoutelemente variieren, sie sind aber an der Grundlinie ausgerichtet.

Links
Der Ausschnitt zeigt, wie der Grundlinienraster die Ausrichtung der Textspalten und weiterer Textelemente an der Grundlinie vereinfacht.

Suchen Sie den Raster

Im Grafikdesign werden Rastersysteme als Hilfsmittel verwendet, damit wir die mitunter sehr komplexen Informationen systematisch und präzise unterbringen können. Raster schaffen Ordnung, Klarheit und Hierarchie in der visuellen Kommunikation, und sie können uns helfen, unsere Designkonzepte weiterzuentwickeln.

Die Aufgabe

Suchen Sie drei verschiedene Beispiele für die Verwendung von Rastern im Grafikdesign. Raster sind nicht auf den ersten Blick als solche zu erkennen. Sie finden sie im Seitenlayout von Büchern, Zeitungen oder Magazinen, in Firmen-Identitys oder im Informationsdesign. Analysieren Sie die Rastersysteme.

- Legen Sie transparentes Papier über das Design und zeichnen Sie die Rasterstruktur auf.
- Notieren Sie die Größe der Ränder, Anzahl und Breite der Spalten, Breiten der Stegzwischenräume usw.
- Ist der Raster symmetrisch oder asymmetrisch?
- Handelt es sich um ein Raster mit Zellstruktur?
- Zeigen Sie, dass Sie die Struktur des vorliegenden Rastersystems erfasst und verstanden haben.

Erst wenn Sie wissen, wie und wo Raster eingesetzt werden, werden Sie in der Lage sein, auch für Ihre eigene Arbeit Rastersysteme zu verwenden. Vergessen Sie dabei nicht: Rastersysteme sind ein flexibler, unsichtbarer Rahmen für typografisches Design.

Tipp

Wenn Sie feststellen, dass Sie nur um Textblöcke und Bilder „herummalen" und keine grundlegende Struktur erkennen, müssen Sie sich noch intensiver mit Ihrem Beispiel beschäftigen.

Wenn Sie auf einer Seite einer Publikation ein Rastersystem identifiziert haben, sollten Sie überprüfen, ob es auch zu den anderen Seiten passt. Wird es auf gegenüberliegenden Seiten gespiegelt oder nicht?

Oben
Experimental Jetset zeigte seine Ausstellung „10 years of posters" in der Kernistry Gallery, London. In den präsentierten Arbeiten ist klare, unstrukturierte Einfachheit mit durchdachten, intelligenten Konzepten kombiniert.

RYDE, I.W.

MESSRS.

WALLIS, RIDDETT & DOWN

WILL SELL BY AUCTION ON THE PREMISES,

ON THURSDAY, OCTOBER 27, 1887,

And following day if necessary, commencing at TWELVE o'clock punctually,

THE VALUABLE

CONTENTS

OF

PALMER HOUSE,

CASTLE STREET, RYDE.

Being the appointments of Four Reception Rooms, Ten Bed and Dressing Rooms, and including:

A HANDSOME MAHOGANY PEDESTAL SIDEBOARD,

Lounge Chair and Twelve smaller Chairs in Morocco Leather,

Extending Dining Table, an old Mahogany Cellaret, Couches, Lounge Chairs, Bookcases and other

WALNUT & ROSEWOOD DRAWING ROOM FURNITURE

Of superior quality, Brussels and Tapestry Carpets, Set of three bronze and ormolu Candelabra, with crystal mounts,

ANTIQUE CLOCKS AND VALUABLE ORNAMENTS,

A ROSEWOOD SECRETAIRE,

EXCELLENT MAHOGANY BEDROOM FURNITURE,

INCLUDING:

Five Good Wardrobes, Twenty Washstands and Dressing Tables,

And several Chests of Drawers.

Iron and Mahogany Bedsteads,

Eleven Feather Beds and other Bedding, Sets of Chamber Ware, Painted Furniture, Window Furnitures of crimson Rep and Damask, Mantel Glasses, Dinner and Dessert Services, the usual appointments of the Kitchen and Offices and various other Effects.

May be Viewed on the preceding day. Catalogues may be had at the Auctioneers' Offices, Ryde.

The House to be Let, Unfurnished: apply to the Auctioneers.

In der Typografie lassen sich zwei große Bereiche unterscheiden: Lesetypografie und Displaytypografie. Wir haben bereits festgestellt, dass einige Designer von Mikro- und Makroeigenschaften der Typografie sprechen. Auch wenn der Gegenstandsbereich dieser beiden allgemeinen Bezeichnungen nicht vollkommen deckungsgleich ist, befassen sich letzten Endes doch beide mit den Gesamteindruck einer typografischen Gestaltung einschließlich Layout, Ausgewogenheit, Struktur und Hierarchisierung.

Auch Details der Typografie gehören dazu: Lesbarkeit und Leserlichkeit, Schriftgröße, Wort- und Buchstabenabstand, Zeilenlänge, Durchschuss und viele andere Feinheiten. Dieses Kapitel vermittelt Grundlagenwissen auf beiden Gebieten.

3.1 Schriftwahl

Gegenüber
Von Experimental Jetset entworfenes Plakat für den Dokumentarfilm „Helvetica" von Gary Hustwit. Die als Text- und Displayschrift entworfene Helvetica wird so häufig verwendet, dass einige Designer beinahe eine Aversion gegen sie entwickelt haben.

Lesetypografie

Lesetypografie dient dazu, dass ein Text flüssig gelesen werden kann. Viele Leser halten diese Art von Typografie für selbstverständlich. Wir sind an ihren Anblick so gewöhnt, dass wir sie gar nicht mehr sehen. Dabei können wir Bücher, Zeitungen, Magazine und Webseiten überhaupt nur deshalb so mühelos lesen, weil ihre Designer Schriften verwenden, die für den Textsatz gedacht sind, und sich bei der Gestaltung an gewisse Spielregeln halten. Den meisten Menschen ist nicht bewusst, dass diese Schriften einmal entworfen wurden. Sie scheinen einfach da zu sein. In Wirklichkeit steckt sehr viel Arbeit dahinter.

Schriftendesigner wissen um die Probleme, die allzu auffällige Schriften verursachen: Wenn wir Stil, Form und Größe der Buchstaben in einem Text zu deutlich wahrnehmen, lenkt uns das ab. Es gibt Tausende von Textschriften, und viele sehen bei näherer Betrachtung höchst individuell aus. Dennoch gelten bei der Auswahl und Verwendung von Textschriften einige generelle Kriterien, anhand derer man eine Schrift auf ihre Eignung für ein Designprojekt prüfen kann

Als allgemeine Richtlinie gilt, dass Text für längeres Lesen eine Größe zwischen 8 pt und 14 pt haben sollte, je nach Schriftart. Kleinere Schriftgrößen (auch Schriftgrade genannt) können für Bildunterschriften verwendet werden, in der Regel werden sie in 6 pt oder ähnlich gesetzt. Wenn die Schrift größer als 14 pt ist, wirkt der Text sehr groß und ist auf Buch-, Magazin- oder Zeitungsseiten meist schwer zu lesen. Die angegebenen Schriftgrade sind dennoch nur Anhaltspunkte, da die optimale Größe auch noch von anderen Faktoren abhängt, beispielsweise davon, ob die ausgewählte Schrift Serifen hat oder nicht. Dazu mehr in Kapitel 4.

„Schrift, die Stimme der gedruckten Seite, kann lesbar und langweilig sein, oder lesbar und spannend, je nachdem, wie sie gestaltet und bearbeitet wurde."

Paul Beaujon (Beatrice Warde)
The Monotype Recorder, Bd. 32, Nr. 1, 1933

Meet the cast:
ABCD
EFGHIJK
LMNOP
QRSTUV
WXYZ
Now see the movie:
Helvetica
A documentary film by Gary Hustwit
A Swiss Dots production, in association with Veer
swiss dots
Helvetica
A documentary film by Gary Hustwit
Featuring:
Michael Bierut
Neville Brody
Matthew Carter
David Carson
Wim Crouwel
Experimental Jetset
Tobias Frere-Jones
Otmar Hoefer
Jonathan Hoefler
Alfred Hoffmann
Lars Müller
Norm
Mike Parker
Michael C. Place
Rick Poynor
Stefan Sagmeister
Leslie Savan
Paula Scher
Manfred Schulz
Erik Spiekermann
Bruno Steinert
Massimo Vignelli
Hermann Zapf
Produced and Directed by
Gary Hustwit
Editor:
Shelby Siegel
helveticafilm.com
Director of Photography:
Luke Geissbühler
Additional Photography:
Colin Brown
Gary Hustwit
Pete Sillen
Chris Wetton
Ben Wolf
Additional Editing:
Laura Weinberg
Sound Editor:
Brian Langman
Sound Mixer:
Andy Kris
Motion Graphics:
Trollbäck & Co.
Sound Recording:
Nara Garber
Victor Horstink
Dan Johnson
Jörg Kidowski
Sam Pullen
Reto Stamm
Poster by
Experimental Jetset
Music:
The Album Leaf
Battles
Caribou
Chicago Underground Quartet
El Ten Eleven
Four Tet
Kim Hiorthøy
Motohiro Nakashima
Sam Prekop
Associate Producers:
Andrew Dreskin
John Goldsmith
Sharon Hustwit
Michelle Hustwit
Jakob Trollbäck
Antoine Wilson
Chris Levinson Wilson
(c) 2007 Swiss Dots

Grundsätzliche Überlegungen

Will man längere Texte setzen, sind vor allem Lesbarkeit und Leserlichkeit der Schrift von Bedeutung. Es können Schriften mit oder ohne Serifen verwendet werden. Sie werden jede Menge interessanter Schriften finden, die für ein Design in Frage kommen, doch sollten Sie sich diese Schriften sehr genau ansehen. Haben sie eine ausreichende Mittellänge (auch x-Höhe genannt)? Sind offene und geschlossene Punzen (die Innenflächen der Buchstaben) gut zu erkennen? Wirken die Proportionen der Auf- und Abstriche im Verhältnis zur Mittellänge ausgewogen? Falls die Schrift Vertikale oder Horizontale betont: Wirken dicke und dünne Striche harmonisch? Haben die Buchstaben eine schöne Breite oder sehen sie zu schmal oder zu breit aus? Wirkt die Schrift zu schwer oder sieht sie zu leicht aus?

Wenn Sie sich für eine Textschrift entschieden haben, sollten Sie sie testen. Anders finden Sie nicht heraus, ob die Schrift für Ihr Design funktioniert. Wenn wir am Computer arbeiten, neigen wir dazu, einen Entwurf ständig per Zoomfunktion zu vergrößern oder zu verkleinern, was uns oft einen falschen Eindruck vermittelt. Wenn Sie eine Webseite gestalten, ist diese Vorgehensweise völlig in Ordnung, da hier das Prinzip *What you see is what you get* gilt, sofern der Webbrowser des Benutzers die von Ihnen ausgewählten Fonts unterstützt.

Bei der Gestaltung von Drucksachen dagegen müssen Sie sich die Schrift in der Größe (und Form) ansehen, in der sie im fertigen Produkt zu sehen sein soll. Die einzige Möglichkeit ist eine Hardcopy, ein Papierausdruck. Wenn Sie Korrekturen und Änderungen durchführen, müssen Sie diesen Vorgang wiederholen. Mit etwas Übung können Sie Ihr Auge so trainieren, dass Sie erkennen, wie sich kleine Änderungen auf das Gesamtkonzept auswirken. Womit wir wieder beim Zusammenhang zwischen Mikro- und Makrotypografie wären.

Sie sollten berücksichtigen, wofür der Entwurf gebraucht wird und wie die Zielgruppe aussieht. In einem Kinderbuch zum Beispiel sollten Sie keine kleine oder allzu dekorative Schrift verwenden, wenn das Buch als Leselernbuch dienen soll. Ein Sachbuch über Philosophie sollte nicht in einer Schrift gesetzt sein, die eher zu einem Comic-Heft passt. Achten Sie stets darauf, dass Sie sich nicht zu sehr von Ihren persönlichen Vorlieben leiten lassen. Und noch ein Tipp: Wählen Sie eine Schrift nie nach dem Namen aus! Entscheiden Sie sich für eine Schrift, drucken Sie sich ein Muster aus und fragen Sie: Liest sich die Schrift gut? Eignet sie sich für mein Projekt?

Baskerville
Bell MT
Adobe Caslon Pro
Centuary
Garamond
Adobe Garamond Pro
Minion Pro
Palatino
Pedant Regular
Times New Roman

Oben links
Schriftmusterbücher, egal, ob alt oder neu, enthalten eine Fülle von Informationen und helfen uns, Schriften kritischer auszuwählen.

Oben rechts
Der niederländische Schriftentwerfer und Typograf Gerard Unger zeigt mit dem Typotest, wie robust und ausgereift seine Zeitungstextschriften sind.

Rechts
Textschriften mit Serifen haben in Bezug auf Gewicht oder Farbe meist ähnliche Eigenschaften. Das Design weist eine gewisse Gleichförmigkeit auf, und nach auffälligen Elementen sucht man vergebens.

Displaytypografie

Im Gegensatz zur Lesetypografie ist Displaytypografie in der Regel nicht für längeres Lesen gedacht. Displaytypografie soll unsere Aufmerksamkeit auf bestimmte Teile einer Seite oder eines Designs lenken. Sie kann als Leitsystem fungieren und unser Auge durch ein Design führen. Darüber hinaus schafft man mit Displaytypografie Hierarchie, Klarheit und Ordnung. Diese Art Typografie kann einen Entwurf interessant machen, den Adressaten informieren, fesseln, begeistern – und manchmal auch mit voller Absicht verwirren oder aufhalten.

Displaytypografie kann zur Makrotypografie gezählt werden, obwohl zuweilen auch Anpassungen im Mikrobereich erforderlich sind. Sie wird für einfache Überschriften bis hin zu komplexen dekonstruktiven Entwürfen verwendet und sorgt für eine bestimmte typografische Wirkung. Displaytypografie kann auch zum Bild oder bildähnlich werden, je nachdem, wie weit man geht und wie souverän ein Designer im Umgang damit ist.

Schriften für Satz und Gestaltung im Displaybereich können stärker variiert werden als solche, die in Textgröße funktionieren müssen. Vergrößerte Textschriften funktionieren mitunter immer noch perfekt, da die Details mancher Schriften auch in Displaygröße ansprechend aussehen. Viele Textschriftfamilien enthalten spezielle Schnitte für Display oder Betitelung. Diese wurden speziell für die Verwendung in großen Größen entworfen und haben unter Umständen dünnere Grundstriche und Diagonalen oder unterschiedlich lange Ober- und Unterlängen. Falls vorhanden, sind die Serifen mitunter kleiner als bei den Textschrift-Varianten. Diese kleinen Unterschiede verhindern, dass die Schrift zu schwer oder massiv wirkt, oder sorgen dafür, dass die Proportionen harmonisch wirken, vor allem bei sehr großen Schriftgraden.

Textschriften sind vom Charakter her introvertiert oder konservativ, was für Displayschriften ganz und gar nicht gilt. Einige dieser Schriften sind ausgesprochen extrovertiert, wenn nicht gar exhibitionistisch. Die Anmutung kann von klassisch bis krass und von subtil bis grotesk reichen. Bei Displayschriften geht eigentlich alles. Was nicht heißt, dass Sie Ihren guten Geschmack über Bord werfen dürfen.

Links
Die Displayschrift, die von Phil Baines und Catherine Dixon für den Pozzapalast in Dubrovnik ausgewählt wurde, wirkt wie ein Bild.

Auf das Detail kommt es an

Bei der Arbeit mit Displayschriften hat man sehr viele Ausdrucksmöglichkeiten. Auf der anderen Seite ist die Displaytypografie unter Umständen das auffallendste Element unseres Designs. Wir müssen ihr daher genauso viel Aufmerksamkeit und Sorgfalt widmen wie der Lesetypografie. Vielleicht sogar noch mehr, da die Displayschrift oft das ist, was in den Köpfen der Betrachter hängen bleibt. Vermeiden Sie Klischees oder allzu auffällige visuelle Assoziationen. Die Autowerkstatt braucht keine Schrift, die aus Schraubenschlüsseln besteht ... Sie wissen, was gemeint ist.

Wie bereits erwähnt, ist Lesetypografie für die meisten von uns „unsichtbar". Displayschriften sind genau das Gegenteil. Diese Art der Typografie ist den meisten von uns wohl bekannt. Da Displayschriften große gestalterische Unterschiede aufweisen, bringt es wenig, bei der Auswahl so akribisch auf Proportionen zur Mittellänge, Buchstabenbreite und dergleichen zu achten wie bei Textschriften.

Wie bei Textschriften sollten Sie die ausgewählte Displayschrift jedoch ausdrucken und testen. Vergleichen Sie die Schrift mit guten Arbeiten anderer Designer – aber ohne deren Designs zu imitieren oder zu kopieren. Und wie immer, sollten Sie auch hierbei sicherstellen, dass die gewählte Schrift für den jeweiligen Zweck geeignet ist.

Unten
Im Ausstellungskatalog zu der Schau „Psycho Buildings" in der Hayward Gallery, London (2008), gestaltet von A2 Design, lassen Displayschrift und Typografie den Titel sofort ins Auge stechen.

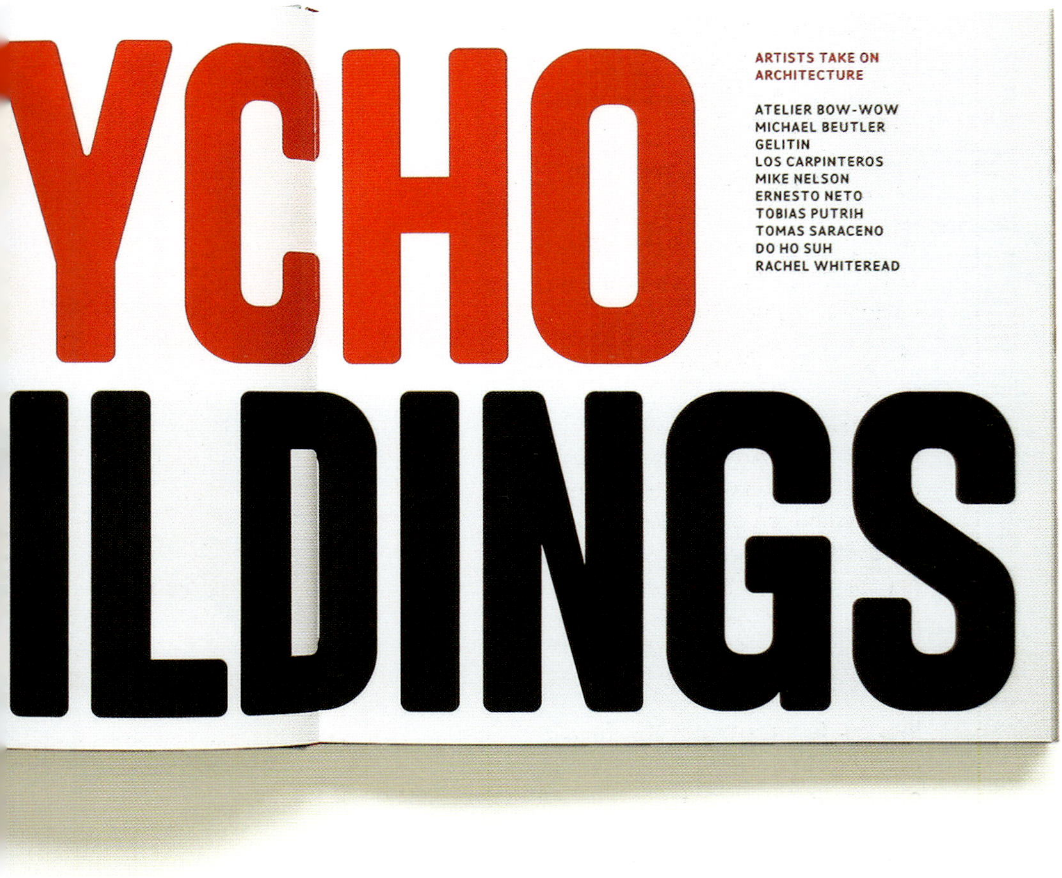

„Der Typograf …, der die speziell geeignete Schrift nicht gefunden hat, hat zwar den Informationswert eines Textes nicht gemindert, er hat jedoch eine Möglichkeit vergeben, den Wirkungsgrad des Textes beträchtlich zu erhöhen."

G. W. Ovink

Wörter, Zeilen und Absätze

Typografie beschäftigt sich mit der Anordnung von Wörtern, Zeilen aus Wörtern und Gruppen von Zeilen, die Absätze bilden. Dies scheint naheliegend, doch es gibt zahlreiche Aspekte, die man bei der Gestaltung mit Schrift berücksichtigen muss. Auf jeden Fall mehr, als man auf den ersten Blick annehmen könnte.

Einige Wissenschaftler sind der Meinung, dass wir Wörter nicht Buchstabe für Buchstabe lesen, sondern sie stattdessen an ihrem Umriss oder ihrer Form identifizieren. Dies trifft vor allem auf die gemischte Groß-/Kleinschreibung zu. Die verschiedenen Mittellängen sowie Ober- und Unterlängen bewirken, dass beim Aneinanderreihen der Buchstaben charakteristische, erkennbare Wortformen entstehen.

Daher ist der größte Teil dessen, was wir lesen – vor allem längere Texte – in gemischter Schreibweise gesetzt. So hat man mehr Möglichkeiten, einprägsame Wortformen zu schaffen. Andere Studien gehen davon aus, dass es innerhalb der Wörter einzelne Buchstaben sind, die uns beim Lesen als Orientierung dienen.

Gegenüber
Laufweite, Wortabstand und Durchschuss: die richtigen Abstände und Zwischenräume spielen eine wichtige Rolle bei der Gestaltung einer gelungenen und lesefreundlichen Typografie.

Wörter

Egal, welchen wissenschaftlichen Ansatz man wählt, in der Regel nimmt man an, dass Wörter, die in gemischter Schreibung gesetzt sind, lesbarer sind als solche, die nur in Großbuchstaben gesetzt sind. Reiner Versalsatz ergibt nicht nur weniger gut erkennbare Wortformen, es fehlt auch ein Rhythmus zwischen den Buchstaben.

Großbuchstaben bilden ein sehr gleichmäßiges Schriftbild. Soll der Text trotzdem gut lesbar sein, muss der Zwischenraum zwischen den Buchstaben vergrößert werden. Genau anders ist es bei Kleinbuchstaben: Vergrößert man den Raum zwischen Kleinbuchstaben, stört man den Rhythmus und verschlechtert die Lesbarkeit.

Versalien eignen sich für den Displaysatz und für Überschriften. Will man einzelne Wörter innerhalb eines Texts durch Versalsatz hervorheben, muss man wissen, dass in Großbuchstaben gesetzte Wörter oft größer zu sein scheinen als der umstehende Text. Man greift daher eventuell besser zu kursiven Schriftschnitten oder Kapitälchen.

Einzelne Wörter oder Wörtergruppen in Displaytypografie können Leben in ein Design bringen. Das Herausarbeiten einer Beziehung zwischen der Bedeutung eines Wortes und seiner Platzierung, Farbe und Schrift kann sehr interessant sein, auch im Rahmen einer schlichten Gestaltung. Größe, Gewicht und Abstand der Buchstaben zueinander sind wichtige Elemente eines guten typografischen Designs.

Wortform WORTFORM Wortform

Wenn Zeilen mit Schrift zu lang oder zu kurz gesetzt werden, hat der Leser entweder Schwierigkeiten, die nächste Zeile in einem Absatz zu finden (vor allem, wenn es ein längerer Text ist), oder der Text wirkt zerrissen und unterbrochen. Beim Satz sollten Buchstabenabstand, Wortabstand und Durchschuss berücksichtigt werden. Jedes dieser Elemente beeinflusst nicht nur den Gesamteindruck eines Textes, sondern bestimmt auch, wie ein Text funktioniert. Darüber hinaus erfordern Lesetypografie und Displaytypografie jeweils ein unterschiedliches Maß an Detailgenauigkeit, was allerdings nicht heißt, dass nicht in beiden Fällen ähnliche Richtlinien gelten. Es kann jedoch sein, dass bestimmte Details mehr oder weniger sichtbar sind, abhängig davon, wie die Schrift verwendet wird.

Wenn Zeilen mit Schrift zu lang oder zu kurz gesetzt werden, hat der Leser entweder Schwierigkeiten, die nächste Zeile in einem Absatz zu finden (vor allem, wenn es ein längerer Text ist), oder der Text wirkt zerrissen und unterbrochen. Beim Satz sollten Buchstabenabstand, Wortabstand und Durchschuss berücksichtigt werden. Jedes dieser Elemente beeinflusst nicht nur den Gesamteindruck eines Textes, sondern bestimmt auch, wie ein Text funktioniert. Darüber hinaus erfordern Lesetypografie und Displaytypografie jeweils ein unterschiedliches Maß an Detailgenauigkeit, was allerdings nicht heißt, dass nicht in beiden Fällen ähnliche Richtlinien gelten. Es kann jedoch sein, dass bestimmte Details mehr oder weniger sichtbar sind, abhängig davon, wie die Schrift verwendet wird.

Wenn Zeilen mit Schrift zu lang oder zu kurz gesetzt werden, hat der Leser entweder Schwierigkeiten, die nächste Zeile in einem Absatz zu finden (vor allem, wenn es ein längerer Text ist) …

Wenn Zeilen mit Schrift zu lang oder zu kurz gesetzt werden, hat der Leser entweder Schwierigkeiten, die nächste Zeile in einem Absatz zu finden (vor allem, wenn es ein längerer Text ist), oder der Text wirkt zerrissen und unterbrochen. Beim Satz sollten Buchstabenabstand, Wortabstand und Durchschuss berücksichtigt werden. Jedes dieser Elemente beeinflusst nicht nur den Gesamteindruck eines Textes, sondern bestimmt auch, wie ein Text funktioniert.

Wenn Zeilen mit Schrift zu lang oder zu kurz gesetzt werden, hat der …

Early Years Foundation Stage The welfare of the child is paramount Unique Child United Nations convention on children's rights Children's act 1989
s Parents as partners Early years professionals Learning through play Indoor and outdoor play Self confidence and self esteem Behaviour and self
; and challenge Health and well being Healthy eating Breakfast club After school club Snack cafe School lunches exploration and investigation
dignity Multi agency working in partnership Special educational needs Equality and diversity Community Rights and responsibilities Respect for

Zeilen

Bei der Gestaltung von Schriftzeilen kommt es darauf an, wie diese verwendet werden. In der Displaytypografie sind nicht nur die Abstände zwischen den Buchstaben, sondern auch die zwischen den Wörtern besonders wichtig, denn sie springen ins Auge – je größer der Schriftgrad, desto deutlicher. Bei Schriften, die speziell für den Einsatz in der Displaytypografie entwickelt wurden, sind Buchstaben- und Wortabstände häufig schon angepasst, trotzdem braucht der Designer Augenmaß.

In der Lesetypografie bestimmt die Schriftzeile die Textbreite. Sie kann der Spaltenbreite im Raster oder dem Satzspiegel des Buches entsprechen. In jedem Fall muss die Zeilenlänge für den Textsatz festgelegt werden und zum Design passen. Die Schriftzeilen in einem Roman zum Beispiel sind erheblich länger als Schriftzeilen in Zeitungen oder Magazinen. Solche Unterschiede sollten Ihnen bewusst sein. Die Zeilenlänge beeinflusst die Art und Weise, wie wir lesen. Die Abstände zwischen Buchstaben und Wörtern sind am wichtigsten, wenn es darum geht, ein ausgewogenes Schriftbild zu erzielen, das heißt, eine Schriftzeile zu gestalten, die den Lesefluss nicht behindert.

Gegenüber
Diese Arbeit stammt vom Autor selbst. Er beschäftigt sich darin mit dem gezielten Bruch von Konventionen: Eine Textschrift wird gleichzeitig Displayschrift und Bild.

Absätze

In größeren Displaygrößen wirken Absätze häufig wie einzelne Schriftzeilen. Achten Sie in solchen Fällen besonders auf den Zeilenzwischenraum (Durchschuss). Er kann sich bei Displaygrößen ganz anders verhalten als bei Textgrößen. Bei größeren Schriftgraden muss der Durchschuss häufig reduziert werden, wenn die Form des Absatzes gewahrt werden soll.

In Textgrößen bildet der Absatz einen visuellen Block, der jedoch nicht nur als Element des Gesamtdesigns (Makrotypografie) betrachtet werden sollte. Schriftwahl, Schriftgröße, Buchstabenabstand, Zeilenlänge und Durchschuss haben Einfluss darauf, wie der Absatz aussehen wird. Auch die Ausrichtung der Schrift in einem Absatz beeinflusst Lesbarkeit und Wirkung eines Designs.

Viele Designer ziehen es vor, Absätze linksbündig anzuordnen, um einen gleichmäßigen Wortabstand zu erzielen. Neue Absätze sollten durch eine Leerzeile oder eine halbe Leerzeile gekennzeichnet oder eingerückt werden. Falls mit Einzug gearbeitet wird, sollten die Absätze zusammenhängen (ohne Leerzeile), und der Einzug sollte im Idealfall so breit wie ein Geviert sein (gleiche Größe wie die verwendete Schriftgröße). Der erste Absatz in einem Kapitel oder Abschnitt sollte nicht eingerückt werden, es sei denn, Sie verwenden eine hängende Initiale.

Anatomie der Seite

Die Fachsprache der Typografie, mit der wir uns über Merkmale von Buchstaben, Buchstabenteile, die Innenräume der Buchstaben und die Abstände zwischen ihnen verständigen können, ist eine Sache. Eine zweite sind die Methoden, mit denen Wörter und Texte im Layout angeordnet werden können. Ebenso wichtig ist jedoch die Frage, wo und wie Typografie zum Einsatz kommt. Dies schließt Überlegungen ein, die teilweise nur für ein spezielles typografisches Produkt relevant sind.

Die typografisch gestaltete Druckseite in ihrer einfachsten Form ist ein einseitig bedrucktes Blatt Papier. Eine einzelne Seite wird auch „Blatt" genannt (vor allem bei Büchern), bei zwei gegenüberliegenden Seiten spricht man von „Doppelseite". Im Buchdesign werden gegenüberliegende Seiten auch als „Verso" (linke Seite) und „Recto" (rechte Seite) bezeichnet.

Im Publikationsdesign (Buch-, Magazin-, Zeitschriften- und Broschürendesign) wird die Seite meistens in Text- und Randbereiche unterteilt. Die Ränder werden als Kopfsteg (oben), Fußsteg (unten), Außensteg (außen) und Bundsteg (innen) bezeichnet. Sie können als Ergänzung zum Haupttext weiteres typografisches Material enthalten, beispielsweise Anmerkungen. Auch Bildunterschriften, Kolumnentitel, Seitenzahlen und andere typografische Elemente können dort platziert werden.

Bei Entwürfen für einzelne Seiten (nicht gebunden) werden statt der Begriffe „Außensteg" und „Bundsteg" die Bezeichnungen „linker Rand" und „rechter Rand" verwendet.

Der Satzspiegel kann aus einem Block bestehen oder in Spalten oder Zellen (siehe Rastersysteme, Seite 60–69) unterteilt werden. Obwohl es zahlreiche Möglichkeiten zur Unterteilung des typografischen Raums gibt, gilt allgemein, dass der Fußsteg proportional größer als die anderen Stege sein sollte. Andernfalls entsteht der Eindruck, der Satzspiegel stehe zu weit unten auf der Seite. Dem Problem der optischen Ausgewogenheit begegnen wir auch bei der vertikalen Zentrierung einer Seite. Egal, ob es um Einzel- oder Doppelseiten geht: Das optische Zentrum liegt immer etwas oberhalb des geometrischen Zentrums, das für das Auge ebenfalls ein wenig zu tief wirkt.

Gegenüber oben
Anatomie einer Doppelseite.

Gegenüber unten
Nicht nur die Geometrie zählt, auch die optische Wahrnehmung wird berücksichtigt.

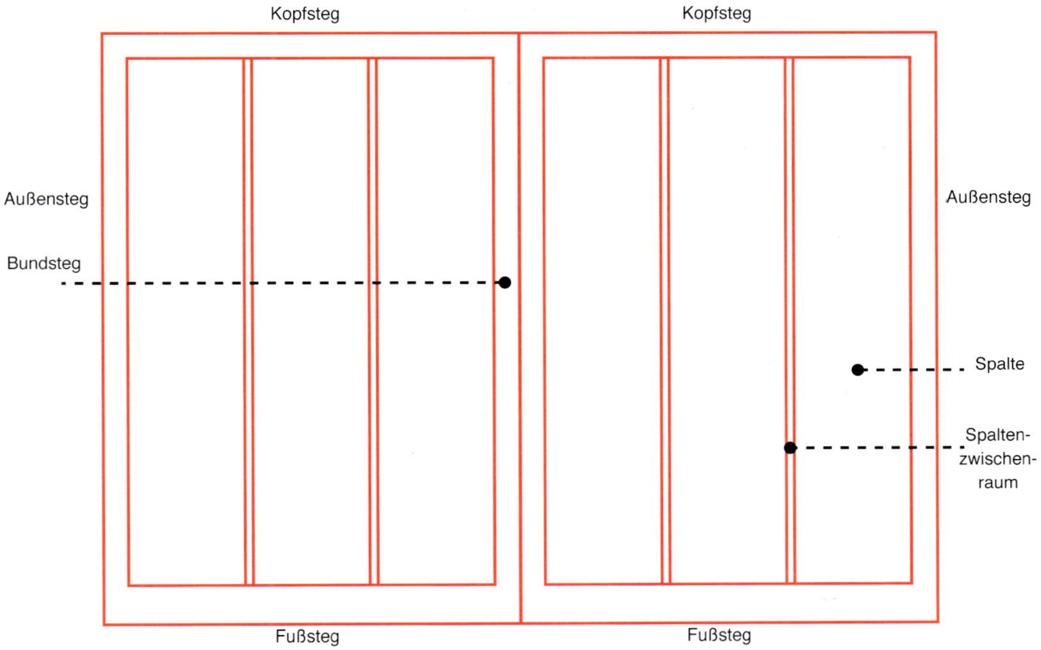
Kopfsteg
Kopfsteg
Außensteg
Bundsteg
Außensteg
Spalte
Spalten-
zwischen-
raum
Fußsteg
Fußsteg

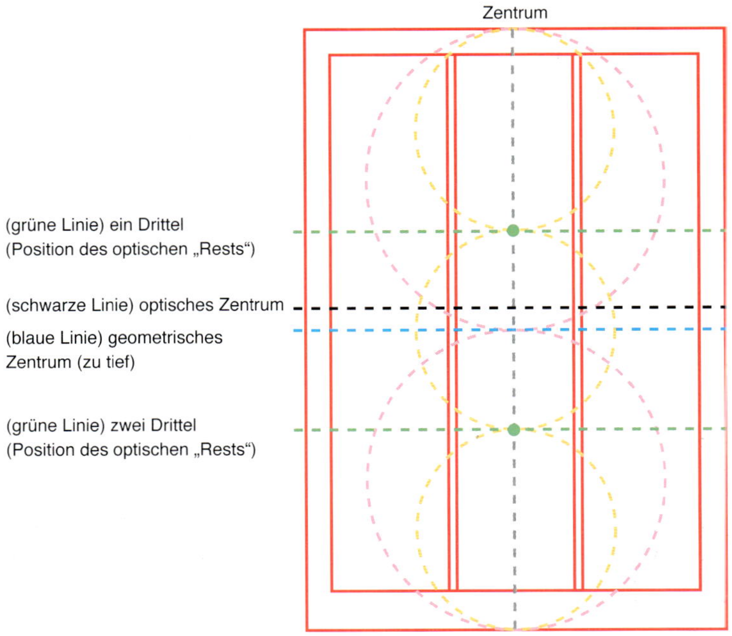
Zentrum
(grüne Linie) ein Drittel
(Position des optischen „Rests“)
(schwarze Linie) optisches Zentrum
(blaue Linie) geometrisches
Zentrum (zu tief)
(grüne Linie) zwei Drittel
(Position des optischen „Rests“)

showtime 2011
Exhibition, workshop and public lecture University of Portsmouth & City Museum
www.port.ac.uk/research/caao/collect3 telephone: 023 9284 5710

Plakat

Plakate werden meistens (nicht grundsätzlich) nur auf einer Seite bedruckt. Beim typografischen Plakat muss nicht nur berücksichtigt werden, ob es die jeweilige Zielgruppe anspricht, sondern auch, wo und aus welcher Entfernung das Plakat gesehen werden soll. Die Typografie muss auf mehreren Ebenen funktionieren, das bedeutet, Hierarchien und Größen müssen richtig angewendet werden. Wenn der Inhalt des Plakats schon von ferne wahrgenommen werden soll, ist es notwendig, einen größeren Schriftgrad zu verwenden, um den Betrachter anzuziehen. Wenn es dagegen aus der Nähe gelesen werden soll (zum Beispiel bei Veranstaltungshinweisen wie Adressen, Uhrzeiten, Preisen usw.), darf die Schrift nicht zu groß sein, da sie sonst vor den Augen des Lesers verschwimmt.

Corporate Identity

Schrift und Elemente einer Corporate Identity (Briefpapier und Visitenkarte) müssen Konventionen und Normen entsprechen und darüber hinaus eine innovative, interessante Gestaltung aufweisen. Geschäftsbriefpapier hat international fast überall das Format ISO/DIN A4 297 x 210 mm (Ausnahmen sind das US-amerikanische Letter-Format 8¼ x 11¾ Zoll und das kanadische P4-Format 215 x 280 mm). Achten Sie auf einen ausreichend breiten linken Rand zum Abheften, in der Regel 20 bis 25 mm. Der Briefbogen sollte zu verschiedenen Umschlagformaten gefaltet werden können (einmal gefaltet zu C5, zweimal gefaltet zu C6 oder C6L), wobei die Empfängeradresse im Umschlagfenster erscheinen soll.

Visitenkarten haben in der Regel die Standard- bzw. Kreditkartengröße von 55 x 85 mm, was vor allem praktische Gründe hat: In diesem Format passen sie problemlos in Brieftaschen, Visitenkartenalben etc.

Gegenüber
Das vom Autor gestaltete Plakat kann aus der Nähe und aus der Entfernung gelesen werden. Wegen des transparenten Papiers strahlt das Design durch das Poster.

Buch

Abgesehen von der Proportionalität der Stege und des Satzspiegels sollte beim Buchdesign vor allem der Inhalt Einfluss auf die Gestaltung des Satzspiegels haben.

Bücher, die ausschließlich Fließtext enthalten, lassen die Aufteilung der typografischen Seite in Stege und Satzspiegel besonders gut erkennen. Das gilt auch für solche, bei denen die Stege Kolumnentitel, Fußnoten und Paginierung enthalten. Ein Buch ist meistens in Titelei, Textteil (Hauptteil) und Schluss unterteilt. Der Fließtext kann über die ganze Satzbreite gesetzt werden, beispielsweise bei Romanen, oder in mehreren Spalten, wie es bei größeren Buchformaten häufig gemacht wird.

Kurze, komplexe Inhalte, wie man sie in Wörterbüchern oder Nachschlagewerken findet, werden in der Regel in Spalten gesetzt, da dies ein schnelleres Auffinden und Aufnehmen der Information ermöglicht.

Das Layout von Fachbüchern basiert häufig auf einem komplexen Rastersystem, um die mitunter sehr unterschiedlichen Inhalte übersichtlich anordnen und Text- und Bildmaterial besser gestalten zu können. Die Stege werden unter Umständen auf ein Minimum reduziert, da die Menge der aufzunehmenden Information Vorrang vor gestalterischen Überlegungen zum Weißraum hat.

Ein Buchaufbau kann folgende Elemente enthalten:

Buchdeckel
Vorsatzblatt
Schmutztitel
Frontispiz
Haupttitel
Urheberrechtsvermerk und Impressum
Widmung
Danksagung
Inhaltsverzeichnis
Vorwort
Einleitung

Textteil

Anhang
Glossar
Bibliografie
Register
Abbildungsnachweis
Vorsatzblatt
Buchdeckel

Die Reihenfolge der einzelnen Elemente kann variieren, und bei vielen modernen Büchern ist die Titelei häufig sehr reduziert.

Rechts
Das Borough Market Cookbook wurde von Catherine Dixon gestaltet. Dank der klaren Hierarchisierung besitzt diese Fachbuch-Seite große Ausgewogenheit.

Unten
Paulus M. Dreibholz wählte in diesem Buch eine Kursive, um das Wesen des Dialogs zwischen Interviewer und Befragtem darzustellen.

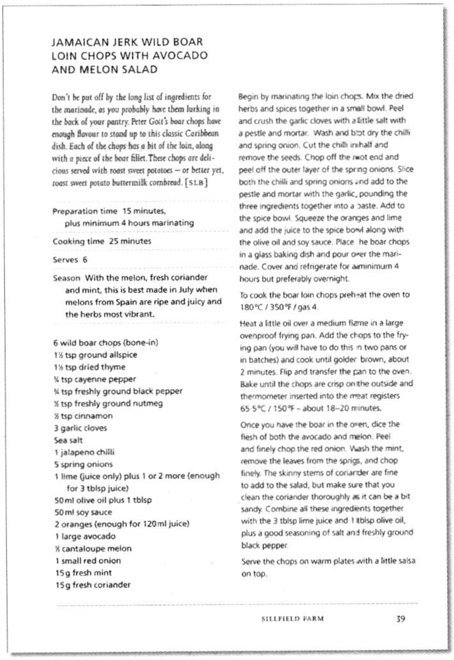

JAMAICAN JERK WILD BOAR LOIN CHOPS WITH AVOCADO AND MELON SALAD

Don't be put off by the long list of ingredients for the marinade, as you probably have them lurking in the back of your pantry. Peter Gott's boar chops have enough flavour to stand up to this classic Caribbean dish. Each of the chops has a bit of the loin, along with a piece of the boar fillet. These chops are delicious served with roast sweet potatoes – or better yet, roast sweet potato buttermilk cornbread. [SLB]

Preparation time 15 minutes, plus minimum 4 hours marinating

Cooking time 25 minutes

Serves 6

Season With the melon, fresh coriander and mint, this is best made in July when melons from Spain are ripe and juicy and the herbs most vibrant.

6 wild boar chops (bone-in)
1½ tsp ground allspice
1½ tsp dried thyme
¼ tsp cayenne pepper
¼ tsp freshly ground black pepper
½ tsp freshly ground nutmeg
½ tsp cinnamon
3 garlic cloves
Sea salt
1 jalapeno chilli
5 spring onions
1 lime (juice only) plus 1 or 2 more (enough for 3 tblsp juice)
50 ml olive oil plus 1 tblsp
50 ml soy sauce
2 oranges (enough for 120 ml juice)
1 large avocado
½ cantaloupe melon
1 small red onion
15 g fresh mint
15 g fresh coriander

Begin by marinating the loin chops. Mix the dried herbs and spices together in a small bowl. Peel and crush the garlic cloves with a little salt with a pestle and mortar. Wash and blot dry the chilli and spring onion. Cut the chilli in half and remove the seeds. Chop off the root end and peel off the outer layer of the spring onions. Slice both the chilli and spring onions and add to the pestle and mortar with the garlic, pounding the three ingredients together into a paste. Add to the spice bowl. Squeeze the oranges and lime and add the juice to the spice bowl along with the olive oil and soy sauce. Place the boar chops in a glass baking dish and pour over the marinade. Cover and refrigerate for a minimum 4 hours but preferably overnight.

To cook the boar loin chops preheat the oven to 180°C / 350°F / gas 4.

Heat a little oil over a medium flame in a large ovenproof frying pan. Add the chops to the frying pan (you will have to do this in two pans or in batches) and cook until golden brown, about 2 minutes. Flip and transfer the pan to the oven. Bake until the chops are crisp on the outside and thermometer inserted into the meat registers 65.5°C / 150°F – about 18–20 minutes.

Once you have the boar in the oven, dice the flesh of both the avocado and melon. Peel and finely chop the red onion. Wash the mint, remove the leaves from the sprigs, and chop finely. The skinny stems of coriander are fine to add to the salad, but make sure that you clean the coriander thoroughly as it can be a bit sandy. Combine all these ingredients together with the 3 tblsp lime juice and 1 tblsp olive oil, plus a good seasoning of salt and freshly ground black pepper.

Serve the chops on warm plates with a little salsa on top.

SILLFIELD FARM 39

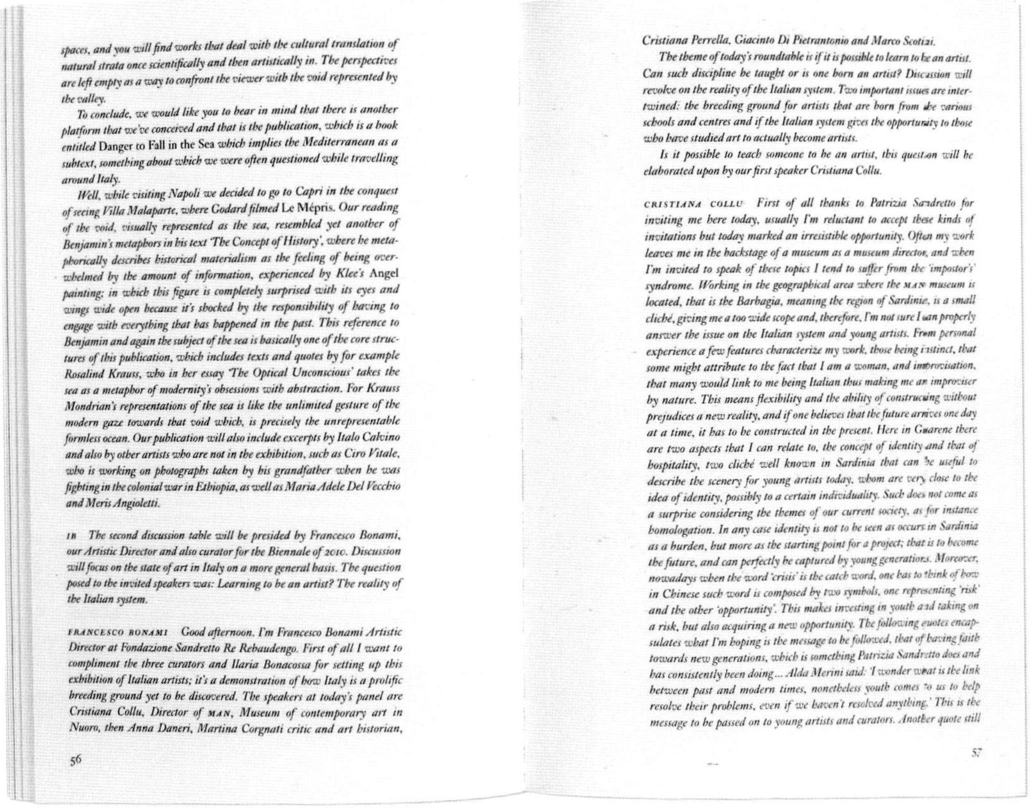

spaces, and you will find works that deal with the cultural translation of natural strata once scientifically and then artistically in. The perspectives are left empty as a way to confront the viewer with the void represented by the valley.

To conclude, we would like you to bear in mind that there is another platform that we've conceived and that is the publication, which is a book entitled Danger to Fall in the Sea *which implies the Mediterranean as a subtext, something about which we were often questioned while travelling around Italy.*

Well, while visiting Napoli we decided to go to Capri in the conquest of seeing Villa Malaparte, where Godard filmed Le Mépris. *Our reading of the void, visually represented as the sea, resembled yet another of Benjamin's metaphors in his text 'The Concept of History', where he metaphorically describes historical materialism as the feeling of being overwhelmed by the amount of information, experienced by Klee's* Angel *painting; in which this figure is completely surprised with its eyes and wings wide open because it's shocked by the responsibility of having to engage with everything that has happened in the past. This reference to Benjamin and again the subject of the sea is basically one of the core structures of this publication, which includes texts and quotes by for example Rosalind Krauss, who in her essay 'The Optical Unconscious' takes the sea as a metaphor of modernity's obsessions with abstraction. For Krauss Mondrian's representations of the sea is like the unlimited gesture of the modern gaze towards that void which, is precisely the unrepresentable formless ocean. Our publication will also include excerpts by Italo Calvino and also by other artists who are not in the exhibition, such as Ciro Vitale, who is working on photographs taken by his grandfather when he was fighting in the colonial war in Ethiopia, as well as Maria Adele Del Vecchio and Meris Angioletti.*

IB *The second discussion table will be presided by Francesco Bonami, our Artistic Director and also curator for the Biennale of 2010. Discussion will focus on the state of art in Italy on a more general basis. The question posed to the invited speakers was: Learning to be an artist? The reality of the Italian system.*

FRANCESCO BONAMI *Good afternoon. I'm Francesco Bonami Artistic Director at Fondazione Sandretto Re Rebaudengo. First of all I want to compliment the three curators and Ilaria Bonacossa for setting up this exhibition of Italian artists; it's a demonstration of how Italy is a prolific breeding ground yet to be discovered. The speakers at today's panel are Cristiana Collu, Director of* MAN, *Museum of contemporary art in Nuoro, then Anna Daneri, Martina Corgnati critic and art historian,*

56

Cristiana Perrella, Giacinto Di Pietrantonio and Marco Scotini.

The theme of today's roundtable is if it is possible to learn to be an artist. Can such discipline be taught or is one born an artist? Discussion will revolve on the reality of the Italian system. Two important issues are intertwined: the breeding ground for artists that are born from the various schools and centres and if the Italian system gives the opportunity to those who have studied art to actually become artists.

Is it possible to teach someone to be an artist, this question will be elaborated upon by our first speaker Cristiana Collu.

CRISTIANA COLLU *First of all thanks to Patrizia Sandretto for inviting me here today, usually I'm reluctant to accept these kinds of invitations but today marked an irresistible opportunity. Often my work leaves me in the backstage of a museum as a museum director, and when I'm invited to speak of these topics I tend to suffer from the 'impostor's' syndrome. Working in the geographical area where the* MAN *museum is located, that is the Barbagia, meaning the region of Sardinie, is a small cliché, giving me a too wide scope and, therefore, I'm not sure I can properly answer the issue on the Italian system and young artists. From personal experience a few features characterize my work, those being instinct, that some might attribute to the fact that I am a woman, and improvisation, that many would link to me being Italian thus making me an improviser by nature. This means flexibility and the ability of constructing without prejudices a new reality, and if one believes that the future arrives one day at a time, it has to be constructed in the present. Here in Guarene there are two aspects that I can relate to, the concept of identity and that of hospitality, two cliché well known in Sardinia that can be useful to describe the scenery for young artists today, whom are very close to the idea of identity, possibly to a certain individuality. Such does not come as a surprise considering the themes of our current society, as for instance homologation. In any case identity is not to be seen as occurs in Sardinia as a burden, but more as the starting point for a project; that is to become the future, and can perfectly be captured by young generations. Moreover, nowadays when the word 'crisis' is the catch word, one has to think of how in Chinese such word is composed by two symbols, one representing 'risk' and the other 'opportunity'. This makes investing in youth and taking on a risk, but also acquiring a new opportunity. The following quotes encapsulates what I'm hoping is the message to be followed, that of having faith towards new generations, which is something Patrizia Sandretto does and has consistently been doing… Alda Merini said: 'I wonder what is the link between past and modern times, nonetheless youth comes to us to help resolve their problems, even if we haven't resolved anything.' This is the message to be passed on to young artists and curators. Another quote still*

57

Magazine und Zeitungen

Bei Magazinen und Zeitungen ist die typografische Fläche in der Regel in mehrere Spalten oder modulare Rasterzellen unterteilt. Zeitungsformate unterscheiden sich heute nicht mehr so stark voneinander wie früher. Viele angesehene Zeitungen haben das kleinere Tabloid-Format eingeführt, das noch bis vor einigen Jahren der Boulevardpresse vorbehalten war.

Die Boulevardblätter nutzen nach wie vor bestimmte Bereiche ihrer Zeitung, um Aufmerksamkeit zu erregen, vor allem auf der Titelseite. In vielen Fällen entsteht dadurch der Eindruck eines ungewöhnlichen oder wilden Einsatzes von Typografie. Im Vergleich dazu verfolgen Prestigezeitungen beim Verhältnis Schrift zu Fläche auf einer Seite meist ein sehr konventionelles, strenges Konzept. Zeitungen sind textlastig. Auf der zur Verfügung stehenden Fläche sollen möglichst viele Nachrichten und Informationen, sprich möglichst viel Text, untergebracht werden. Dies erreicht man durch begrenzte Schriftgrößen für Überschriften oder feste Spaltenbreiten für bestimmte redaktionelle Inhalte usw. Weißraum wird zwar verwendet, fällt aber in den meisten Fällen nicht groß aus.

Anders als bei Zeitungen kann das Verhältnis von Weißraum zu Text und Bild bei Magazinen zum charakteristischen Merkmal werden. Auch wenn die meisten mit rationellen Rasterstrukturen arbeiten, kann Magazindesign Ausdruck von Lifestyle sein, wenn nämlich die Ansprüche an das redaktionelle Material genauso hoch sind wie die an den Inhalt. Die Interaktion von Lesetypografie, Displaytypografie, Bild und Fläche kann dabei erheblich dynamischer und individueller ausfallen als im Zeitungsdesign.

Ausstellungstypografie

Ausstellungstypografie muss sich danach richten, wie der Besucher bzw. Betrachter der Information mit dem Ausstellungsraum interagiert. Soll er die Informationen in einer bestimmten Reihenfolge aufnehmen? Führt ein fester Weg durch die Ausstellung?

Ziel ist eine klare, übersichtliche Darstellung der Information, die grundsätzlich auf das Wesentliche beschränkt sein sollte. Achten Sie darauf, dass durchschnittlich große Betrachter die Informationen auf Augenhöhe vor sich haben. Vergewissern Sie sich, dass die Beleuchtung stimmt. Kleine Schriftgrößen und einige Farben sind in einer schwach ausgeleuchteten Umgebung nur schwer, manchmal gar nicht zu lesen. Verwenden Sie große Schriften, um die Aufmerksamkeit des Betrachters zu erregen, aber berücksichtigen Sie immer auch Thema bzw. Exponate.

HEAD OF STUDIO PRIX

In our studio, the students are challenged to make unimaginable projects imaginable, and we teach them strategies which enable them to transform these imaginable projects into actual architecture. It is not about limiting ideas through objective constraints. On the contrary: We teach how to use objective constraints to construct architecture. Nowadays, it is not only radical thinking which is paramount. Radical architecture is produced when extraordinary buildings are both successfully presented and actually realized. That means on the one hand being well-versed in theoretical fields and on the other hand understanding politics.

The process of design is a process of thinking. Without a theoretical background, only unoriginal solutions can be found.

For this reason we find it important to analyze and critically assess the relationship between theory and reality. In this context, developing a new aesthetic based on societal influences should be placed in the foreground.

PRIX

WOLF D.

REINER

ZETTL

STUDIO PRIX—THEORY AND BACKGROUND, E5 PORTFOLIO MANAGEMENT

Good evening, my name is Reiner Zettl and I teach in the studio of Prof. Prix but this evening I represent the postgraduate master program Urban Strategies. What you see on the screen is an anticipation of the future that we think might happen between Vienna and Bratislava. I am sure you have heard of the Twin City. Although at the moment more a marketing claim than anything else, the name itself creates an awareness of potential development. It is a question of new maps, and especially mental maps to restructure the existing perception of this territory in order to overcome mental blocks and barriers and to initiate a process that eventually might lead to a coalescence of the 2 cities. Scenarios should help to show in what way the wider context of politics, economy, and climate has an influence onto the area between ex- east and west and will define strategies to organize and coordinate the process of growth.

Besides the sociogegrahic specificity of the task their is the general question about the future city. Its raison d'être in the age of ubiquitous information and communication beyond physical space, its relation to resources and to nature. What are the synergies between Bratislava and Vienna taking the Danube as a large central park?

The next program, as Mr Prix has announced will focus on urban densification.

Before starting I promised Mr Glaeser I would give him one minute of my time and therefore I stop now.

Thank you for your attention.

Oben
Paulus M. Dreibholz’ Gestaltung von *Architecture Live 3* bezieht sich auf Konventionen im Magazin- und Zeitungsdesign.

Links
Dieser vom Autor gestaltete Opener auf einer Magazin-Doppelseite ist bewusst schlicht gehalten, die Wirkung umso monumentaler. Der Goldrand fungiert als Bilderrahmen.

Informationsdesign

Bei der Gestaltung von Typografie für Informationsdesign steht die Funktionalität im Vordergrund. Da wir mit Informationsdesign in der Regel nur dann in Berührung kommen, wenn wir etwas suchen, nehmen wir diese Art von Design kaum als solches wahr. Im Informationsdesign kann Typografie am „unsichtbarsten" werden.

Lesbarkeit und Leserlichkeit spielen eine wichtige Rolle. Bei Diagrammen zum Beispiel darf der Text die visualisierte Information nicht „erschlagen".

Anders als mit vielen Serifenschriften lässt sich mit serifenlosen Schriften meist eine „neutrale" Ästhetik erzielen, was aber nicht heißt, dass sie immer gut lesbar und daher grundsätzlich für Informationsdesign geeignet sind. Das Design von „wegweisender" und informativer Beschilderung muss funktionelle Klarheit besitzen. Das Verhältnis von Typografie und Fläche kann dabei erheblich variieren, denn das Aufgabenfeld reicht vom kleinen Hinweisschild bis zu komplexen architektonischen Anwendungen. Ein einheitlicher Stil (eventuell einheitliche Größen) und der Kontrast zwischen Typografie und Hintergrund sind wichtige Faktoren für ein effektives System.

Internet

Bei Typografie im Internet werden Fläche und Größe in der Regel in Pixeln (px) und em-Einheiten (em) angegeben. In den letzten Jahren lag der Schwerpunkt bei der Webentwicklung auf Inhaltsstrategien. Dabei führt der sinnvolle Inhalt, der klar und zweckmäßig aufbereitet werden soll, zum Design. Davor war es geradezu umgekehrt: In den Anfängen der Webentwicklung hatten Design und Designer größten Einfluss darauf, was kommuniziert wurde.

Auch für Typografie im Internet gelten, so scheint es, heute strengere Vorgaben. Vieles von dem, was als gute Typografie für Druckwerke gilt, findet auch beim Design von Webseiten Berücksichtigung. Dies wird teilweise dadurch erleichtert, dass man inzwischen mehr Kontrolle darüber hat, wie Typografie im Web erscheint, beispielsweise durch die Verwendung von Tabellen, Rahmen, Rastern und dynamischen Inhalten in PHP. Mit Formatvorlagen (Cascading Style Sheets (CSS)) lassen sich Anwendungen besser kontrollieren und flexibler gestalten als mit den Inline-Tags, die bisher für die HTML-Source-Codes vieler Webseiten die Norm waren. Darüber hinaus gibt es jetzt auch die Möglichkeit, Fonts in den Code einzubinden. Das Web Open Font Format (WOFF) dürfte die Qualität dere typografischen Gestaltung von Webseiten weiter verbessern.

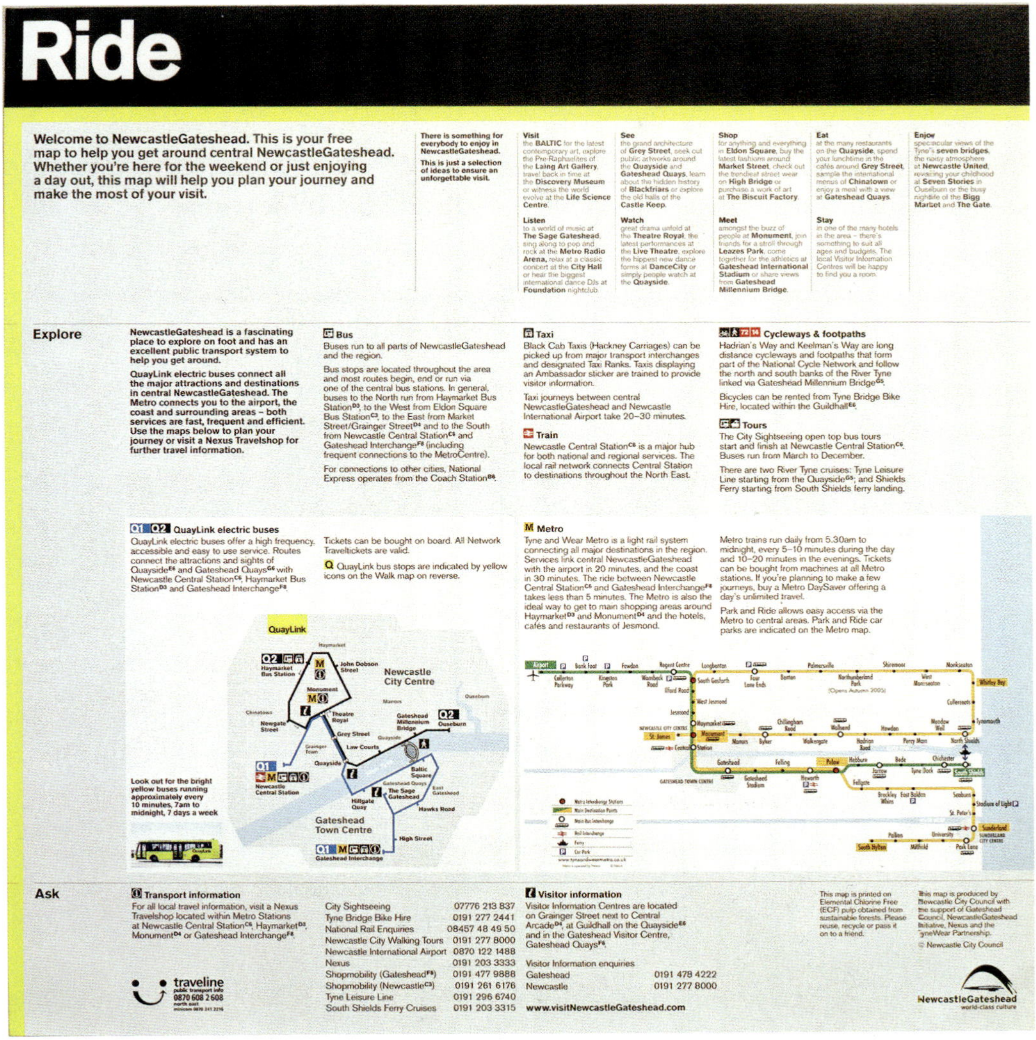

Oben
Die von Cartlidge Levene gestalteten Infotafeln für Besucher von NewcastleGateshead weisen eine klare, funktionelle Hierarchie auf.

Gestaltungsfragen

Bei der Anordnung von Schrift auf einer Seite müssen viele Aspekte berücksichtigt werden, abhängig davon, was für ein Produkt Sie gestalten. Die Satzanordnung für ein Buch unterscheidet sich stark von der für ein Plakat. Was muss der Inhalt kommunizieren? Wer sind die Leser oder Zielgruppe? Fragen Sie sich selbst: Verstehe ich den Inhalt? Ergibt das, was kommuniziert werden soll, einen Sinn für mich?

Es gibt bestimmte formale Überlegungen, die Ihnen bei der Entwicklung eines Designkonzepts helfen können. Soll das Design traditionell, modern oder postmodern aussehen? Soll es symmetrisch oder asymmetrisch sein? Soll mit einem Rastersystem gearbeitet werden? Die Entscheidung für einen bestimmten Ansatz kann ein Weg sein, zu einer Satzanordnung zu kommen. Es kann allerdings auch sein, dass Sie eine individuelle Lösung für das Designproblem entwickeln müssen. Bei typografischem Design geht es nicht darum, sich einen bestimmten Stil anzueignen. Es geht um die Kommunikation von Bedeutung.

Andere Überlegungen betreffen Größe und Format der Seite oder Seiten, die Sie gestalten wollen. Wie sollen die verschiedenen Elemente Ihres Designs auf der zur Verfügung stehenden Fläche verteilt werden? Stehen die einzelnen Elemente Ihres Designs in einem ausgewogenen Verhältnis zueinander? Haben Sie Weißraum vorgesehen? Soll Ihr Design Spannung oder Harmonie erzeugen? Soll das Design präzise und genau wirken? Oder soll es weniger förmlich erscheinen? Soll es elegant und ruhig aussehen oder laut und aggressiv sein?

Egal, welchen Ansatz Sie schließlich verfolgen wollen, Übungen und Experimente zum Umgang mit den formalen Elementen von Schrift können Ihnen Anregungen geben, um zu einem geeigneten Designkonzept zu kommen.

Wenn Sie ein Plakat gestalten, spielt das Verhältnis zwischen Displayschrift und Textschrift vielleicht die größte Rolle. Bei der Gestaltung eines Buches müssen Sie genau ausarbeiten, in welchem Verhältnis Seitengröße und Textbereich stehen sollen. Das schließt Entscheidungen über die Größe der Stege, über Kolumnentitel und Paginierung sowie deren Platzierung ein. Wenn Ihr Produkt große Mengen Text aufnehmen muss, hat das für sämtliche Designentscheidungen Konsequenzen.

Gegenüber
Auf diesem Plakat von Why Not Associates scheinen Text und Bild spielerisch und mühelos angeordnet zu sein. Tatsächlich braucht man für einen derart komplexen Satz handwerkliches Können und Erfahrung.

Zentrierte Typografie

Eine zentrierte Typografie (auch Mittelachsensatz genannt) wirkt traditionell und seriös, was in vielen Fällen wunderbar funktioniert. Die gut gestaltete zentrierte Titelseite eines Buches zum Beispiel vermittelt ihrem Betrachter Autorität und Würde.

Aber es finden sich auch einige besonders abschreckende Beispiele für zentrierte typografische Layouts in Alltagsdruckwerken. Schuld daran ist meistens nicht das Design selbst, sondern eher die Einstellung jener, die bereit sind, die Gestaltung ihrer Texte den Standardoptionen einer Layoutsoftware oder (noch schlimmer!) eines Textverarbeitungsprogramms anzuvertrauen.

„Design ist immer kreativ, weil es Werte ins Verhältnis setzen muss; sowohl in Bezug darauf, wie diese in den verschiedenen Teilen des Entwurfs zueinander stehen, als auch in Bezug auf seine Eignung für den Zweck."

John Charles Tarr
How to Plan Print (1938)

3.4 Satzanordnung

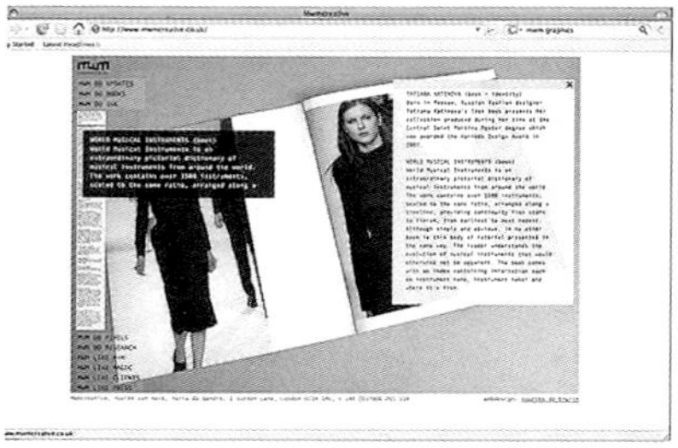

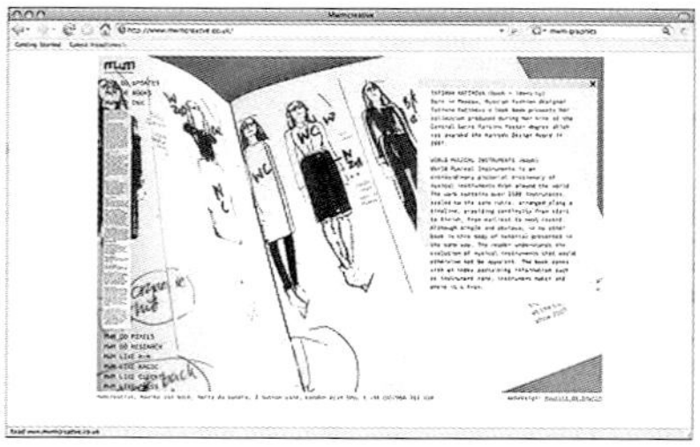

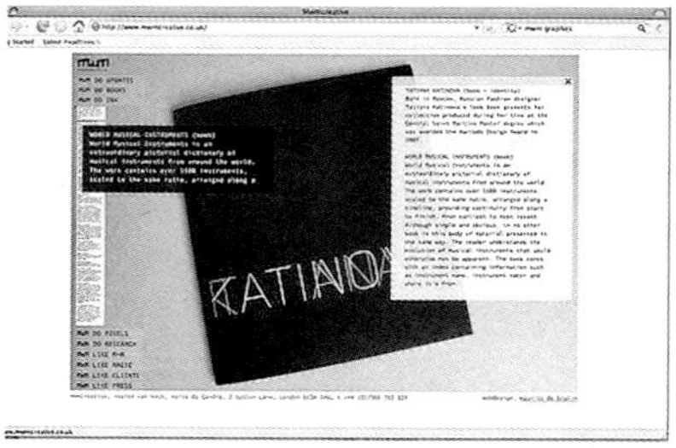

Wenn Zeilen mit Schrift zu lang oder zu kurz gesetzt werden, hat der Leser entweder Schwierigkeiten, die nächste Zeile in einem Absatz zu finden (vor allem, wenn es ein längerer Text ist), oder der Text wirkt zerrissen und unterbrochen. Beim Satz sollten Buchstabenabstand, Wortabstand und Durchschuss berücksichtigt werden.

Linksbündig

Wenn Zeilen mit Schrift zu lang oder zu kurz gesetzt werden, hat der Leser entweder Schwierigkeiten, die nächste Zeile in einem Absatz zu finden (vor allem, wenn es ein längerer Text ist), oder der Text wirkt zerrissen und unterbrochen. Beim Satz sollten Buchstabenabstand, Wortabstand und Durchschuss berücksichtigt werden.

Blocksatz, letzte Zeile linksbündig. Einzug entspricht einem Geviert.

Wenn Zeilen mit Schrift zu lang oder zu kurz gesetzt werden, hat der Leser entweder Schwierigkeiten, die nächste Zeile in einem Absatz zu finden (vor allem, wenn es ein längerer Text ist), oder der Text wirkt zerrissen und unterbrochen. Beim Satz sollten Buchstabenabstand, Wortabstand und Durchschuss berücksichtigt werden.

Rechtsbündig

Wenn Zeilen mit Schrift zu lang oder zu kurz gesetzt werden, hat der Leser entweder Schwierigkeiten, die nächste Zeile in einem Absatz zu finden (vor allem, wenn es ein längerer Text ist), oder der Text wirkt zerrissen und unterbrochen. Beim Satz sollten Buchstabenabstand, Wortabstand und Durchschuss berücksichtigt werden. .

Zentriert

Das soll nicht heißen, dass mit einer Textverarbeitungssoftware kein gutes Design zu machen wäre, sondern, dass man sich mehr Gedanken über das Design selbst machen sollte, und nicht darüber, mit welchen Tasten sich die gewünschte Satzanordnung erzielen lässt. Bei zentrierter Typografie muss darauf geachtet werden, wie man die Schriftzeilen zu Absätzen zusammenfasst, da das Auge bei dieser Ausrichtung keine klare Kante hat, zu der es zurückkehren kann, wenn es von einer Zeile zur nächsten springt. Zuweilen gibt es Probleme mit der Lesbarkeit, aber es können durchaus interessante, attraktive Absatzformen entstehen.

Asymmetrische Typografie

Asymmetrische Typografie könnte man grob als „dezentrierte" Anordnung beschreiben, es steckt allerdings erheblich mehr dahinter. Asymmetrische Typografie kann für Spannung und hierarchische Ordnung im Satz sorgen.

Anfang des 20. Jahrhunderts trugen Wegbereiter in Kunst und Design wie El Lissitzky, László Moholy-Nagy und Kurt Schwitters sowie die mit ihnen zusammenhängenden Bewegungen und Gruppen wie Dada, Vortizismus, Futurismus, De Stijl und Bauhaus zu einem kritischen, avantgardistischen Ansatz auch in der Typografie bei. Diese moderne oder „neue" Typografie entwickelte sich weiter. 1928 veröffentlichte Jan Tschichold sein Manifest der modernen Typografie *Die neue Typographie*. Tschichold trat vehement für ein Design, das sich durch Klarheit und Ordnung auszeichnete, ein und warb für eine Typografie, die durch eine klare Hierarchisierung und ein visuelles Orientierungssystem Lesevorgang und Kommunikation effizienter machte.

Auf der modernen Typografie baute die Schweizer Typografie auf, die in den 1950er und 60er Jahren als „Internationaler Stil" bekannt wurde. Beim Layout arbeitet diese Typografie mit viel Weißraum. Auch Rastersysteme sind ein charakteristisches Merkmal und wurden über die bereits vorgestellten modularen Raster hinaus weiterentwickelt. Kontrapunkt, hängende Zeile, Konkordanz oder Konflikt zwischen gruppierten Elementen, Harmonie, Muster, Wiederholung, Dynamik, Rotation und Statik waren methodische Ansätze für den Satz, die, ausgehend von Praktikern und Lehrern der Moderne, ihren Weg in die Typografie fanden.

Gegenüber oben
Auf der Website von Mwmcreative kann der Betrachter die Schrift je nach Seitenaufbau anders anordnen.

Gegenüber unten
Bei der Absatzanordnung gibt es verschiedene Möglichkeiten. Die beiden unteren Beispiele bieten keinen festen Anhaltspunkt, um das Auge wieder zur linken Seite zurückzuführen.

Gegenüber
Diese Übung mit Blindtext ist eine Hommage an Jan Tschicholds *Die Neue Typographie*. Auch ohne dass wir den Text lesen, sind die Prinzipien Tschicholds in Bezug auf Organisation, Hierarchisierung und visuelle Orientierungssysteme innerhalb des typografischen Layouts deutlich erkennbar.

So, wie die Modernisten die Traditionalisten herausgefordert hatten, wurde später auch die moderne Typografie durch Designarbeiten herausgefordert, die die gängige Praxis in Frage stellten. Designer wie Wolfgang Weingart und Gert Dumbar inspirierten in den 1980er und 1990er Jahren eine ganze Generation junger Designer, Grafikdesign und typografische Konventionen umzukrempeln. Texte wurden dekonstruiert, Lesen wurde simultan, mehrschichtig, abwechslungsreich, komplex und eine Herausforderung für den Leser.

Der Einfluss neuer Medien

Die historischen Veränderungen im Grafikdesign hingen zum Teil mit der Einführung des Computers zusammen. Mit dem Mac konnten Designer die Arbeit von Schriftsetzern selbst in die Hand nehmen. Ausdruck, Zufälligkeit und Willkür wurden für viele zu einem veritablen Designansatz.

Die Freiheit, die der Computer schenkte, und die Beschäftigung mit den neuen digitalen Medien schienen endlose neue Möglichkeiten für Design zu eröffnen. Für andere kamen diese Aussichten einer nihilistischen Implosion nahe, und Befürchtungen, das Ende des Buchdrucks, ja der Tod des Buches stünde unmittelbar bevor, schienen auf eine trostlose Zukunft von Design und Typografie hinzudeuten.

Typografische Ansätze heute

Erst seit Kurzem beschäftigen sich viele wieder mit streng formalen und strukturierten Ansätzen für typografisches Design. Es dominiert eine pragmatische und unprätentiöse Haltung gegenüber Design. Wie gut kann der Entwurf kommunizieren? Ist er zweckmäßig? Ethisch vernünftig? Solche Fragen mögen nicht viel mit Layout und Satzanordnung zu tun haben, sie gewähren jedoch eine angenehme Freiheit in Bezug auf den Designansatz. Man kann Symmetrie und Asymmetrie mischen, wenn es gute Gründe dafür gibt. Anders gesagt, es gibt keine strikten Regeln; vielmehr kommt es darauf an, durch Übung und Erfahrung herauszufinden, was funktioniert, wie es funktioniert und warum es funktioniert.

NEW LOREM-IPSUM

Im IPICA VOLORIBUS AUT QUIDENDITI OMNIS explit qui im aliquisim, restrum qui berum ut ad explit, aliquuntem a non perum:

NEW LOREM IPSUM

Aut excea doluptaqui occum istrum fuga. Nam, es porernat pel magnisi

THE NEW LOREM IPSUM

Doluptam aut aute odi dition nulpa
Tatenda perspel endandis sapitatum dolorem eicae

Doluptam aut aute odi dition nulpa simet esequis nonem il is magniss inieni tem apienduci tem hariam lam sit et unt volore diorroviti ut moloria aliquun tiossim olorem laboris antum acearum nullorpos velest, sa ipisti ducit, se cusa consequate porendi **STEMPER IONSEQUAM** nistectorem ipisti quamus ent et quias renimus.

Tatenda perspel endandis sapitatum dolorem eicae. Aximpe lautatquam facere porestorera dolecta dolupta pro velique eicatent optaquation ni dia cus, qui illent optaspe riaersp elluptam qui aliquam quosani miligen ectoreh entiatem quas eost **milicta temporepro dolecatia** senimin nonsequo milis sim aped quo occaepudit as eost, omnis moluptatet es quo voluptate eatiurest que nonempel maximaio escim qui as voluptam ad qui odis coresto ressuntium quasitaquam eicimagnatur a sunt ommos eos **estiae volupta** sapid earum exped mo et es doluptae dolesequi delectem quasperum enihici umquatio quias vel entorum is aut odit ipistionem excesto dolorem **ium qui aborese earum** rae dit officatis et laci ne vendam exere simpore reped magnis nisinve lenimporumet quiaspi **tatquod ipsapedis** mod mo doluptas estibus conseque pro torit etusape rspellantia qui sequo offic tecatquat dolo int idendebit placcusa. Genihicius inctatem delibus antota et quunt liquiam idendebit placcusa etus aliquae **neculpa seque porae dolorescit** intis que quo officienet di temqui vel et exerspe liquia doluptur, corem vento odicides et erovit es eribus esequunt por rem aceped mo ommoluptas mil iumquibus.

Apide aut exped quat veniam, aut pra inum ad maion culparchit est endione mporias et que pe volupta dolecto que comniet hilitiunt minctem aceatet maionsentio. Optaturit, sunt pa dent abo. Ut reratestiae re nustio. **Oribusam, conestorum velictem** ressinvero et aspis audi nis earumquat vendae quam dolo tem ipsum accum simporerum qui de ventibus eosam quam, omnihic iditam sedipsa evenihi llorers pedigenis a volupti busdae eiur alibus rest, odi ratis iuntin pero officat atibusa ndelici psantio nsequi volorunt, venectur, tempe si as es evel is eos eicil molorrumquos velestio.

Ehendipidis mos et, ipsum anit ratusaest eati dolupis et ommolum id quam ipsam **remquatibus dolupita nimet hicit** qui ute nest magnihictur asit, ventur aligeni hilliti aepero omniet facerem num aborest eatem hit ndelici psantio nsequi volorunt, venectur, tempe si as es evel is eos eicil molorrumquos velestio.

NEW LOREM IPSUM

Qui vel endisciene quatum ut aliquo
Is mo cones ulpa et, simus.
Fic temquatio.
voluptat di
cum il eius eum con resero ditiur?
Qui vel endisciene quatum ut u.
Taliquo quae. Itatus dolorent, ut antur,

Qui vel endisciene quatum ut aliquo
quatibernati que
delendit et quatiuntiae
asped quas maiore
quos qui dio volupta
simpore ctemod ut
fugia des adis sequatibus.
quatibernati que
delendit et quatiuntiae
asped quas maiore
quos qui dio volupta
simpore ctemod ut
fugia des adis sequatibus.
Tur? Qui ut qui
eperovit, eostoremquae
qui doluptate vellita e
praectium aut
vendae non cus.
Tem nos in conse
placepr ovitia viduciliquo

Qui vel endisciene aliquo
nonsequiam aut aut ero et quo qui
est, con

Apide aut exped 125 veniam, in op inum ad maion culparchit est endione mporias et que pe 200 dolecto que hilitiunt minctem aceatet maionsentio. Optaturit, sunt pa dent abo. Ut reratestiae re nustio. Orionagi.

Tatenda perspel endandis sapitatum	**2.00**
Tatenda perspel endandis sapitatum	**3.00**

Gegenüber
Bei dieser Plakatgestaltung von Experimental Jetset wurden die Ziffern im Logo von „Cent Quatre“ mit denen vom Veranstaltungsdatum in Beziehung gesetzt.

Unten
Die Form des Schriftsatzes auf diesem extravaganten Buchcover, ein Entwurf von Paulus M. Dreibholz, ist Ergebnis der Auseinandersetzung mit dem Inhalt der Texte im Buch.

Schrift allein

Typografie in Reinform, das heißt, ohne unterstützendes Bildmaterial oder Illustrationen, kann eine anspruchsvolle und ausgesprochen lohnende Aufgabe sein – wenn das Ergebnis funktioniert. Wir sind bereits an anderer Stelle auf Beatrice Wardes berühmte Kristallglas-Metapher eingegangen. Warde war der Meinung, Typografie müsse unsichtbar sein, damit der Inhalt kommuniziert werden könne. In vielen Fällen ist das bis heute eine vernünftige Forderung. Auf der anderen Seite entsteht selbst bei der einfachsten typografischen Seitengestaltung ein Gesamtbild. Arbeitet man ausschließlich mit Schrift, sollte man nur hochwertige Schriften verwenden. Dies gilt sowohl für „unsichtbare“ Typografie als auch für auffällige Varianten.

Überlegen Sie, wie Ihre Schrift zur Zielgruppe „spricht“. Ist sie schüchtern und scheu? Bleibt sie dezent und bescheiden im Hintergrund? Oder ist sie stolz und selbstbewusst, laut und aggressiv? Trotz Beatrice Wardes Beobachtung lassen wir uns beim Lesen, bewusst oder unbewusst, von der Form der Schrift beeinflussen. Das gilt sowohl für Lesetypografie wie auch für Displaytypografie.

Schrift muss nicht zwangsläufig groß und bunt sein, um Eindruck zu machen. Eine schlichte, gut gestaltete Buchseite kann durchaus eine bestimmte Stimmung erzeugen. Auch wenn einige Designer gegenteiliger Meinung sind. Eric Gill sagte einmal: „Buchstaben sind Dinge, keine Abbildungen von Dingen“, was heißen soll, dass Buchstaben Symbole sind, die für etwas stehen, nämlich für Klang. Das gilt für alle typografischen Elemente, seien es Buchstaben, Wörter, Zeilen, Absätze oder ganze Seiten. Jedes ist ein Symbol, denn es steht für etwas, sei es für einen einzelnen Laut (Phonem), einen Wortklang und das Konzept, für das dieser steht, die Bedeutung eines Satzes usw. Sie alle zusammen repräsentieren die Art, in der wir etwas aus unserer Welt kommunizieren.

MAIRIE DE PARIS
LE
104
CENT
QUATRE
ÉTABLISSEMENT
ARTISTIQUE
DE LA
VILLE DE PARIS
OUVERTURE
11 OCTOBRE 2008
14H30 A 2H
ENTREE LIBRE
104 RUE
D'AUBERVILLIERS
5 RUE CURIAL
75019 PARIS
T 01 40 05 51 71
WWW.104.FR
LE 104
CENT
QUATRE
ONZE
OCTOBRE
2008
LES PARTENAIRES DU CENTQUATRE:
arte
artpress

Gegenüber
Die von Andrew Halma gestaltete Weihnachtskarte „seziert“ gewissermaßen den Satz aus dem Lukasevangelium. Das Ergebnis ist ein interessantes, an Informationsdesign erinnerndes Satzbild.

Unten
Das angeschnittene Satzbild im Entwurf von MadeThought für The Mill ist inspiriert von den gigantischen Ausmaßen der Stadt New York.

Form und Gestaltung

Typografische Elemente oder Symbole, die als Typografie visualisiert werden, nehmen eine Form an. Und egal, ob es sich um Mikro- oder Makrotypografie handelt, Form und Anmutung eines Designs bewirken immer eine gewisse Bedeutung. Nicht nur der Inhalt trägt Bedeutung, auch die Form hat das Potenzial dazu. Achtet man von Anfang an auf den Zusammenhang zwischen der Kommunikation von Inhalt und der Frage, inwieweit die Form der Typografie dazu beitragen kann, führt dies bei der Arbeit mit Schrift zu interessanten Lösungen. Wie bei allen Aspekten von Design und Typografie, sollten Sie sich die Zeit für eine kritische Auseinandersetzung mit diesem Thema nehmen.

Nachdem das Gesamtkonzept steht, sollten Sie den Details besondere Aufmerksamkeit widmen. Dies gilt gleichermaßen für anspruchsvolle Buchgestaltung wie für auf Wirkung abzielende Drucksachen. Experimentieren Sie! Seien Sie kreativ und ausdrucksvoll, stellen Sie Bewährtes in Frage, versuchen Sie verschiedene Möglichkeiten – das ist der einzige Weg, festzustellen, was funktioniert. Lesen Sie alles, was Sie über formale Aspekte der Typografie in die Hände bekommen können. Finden Sie heraus, wie Schrift in verschiedenen Größen mit unterschiedlichem Abstand und Durchschuss wirkt.

Ignorieren Sie das reiche Erbe der Typografie nicht. Es gibt viele gute Arbeiten, die ausschließlich Schrift verwenden: Analysieren Sie solche Entwürfe. Warum funktionieren sie so gut? Praxiserfahrung und Experimente mit Schrift zahlen sich aus: Schrift in Reinform funktioniert am besten, je souveräner Sie damit umgehen können.

Kombination von Elementen

Die Kombination von Schrift und Bild bedarf sorgfältiger Planung und ist nicht immer so einfach, wie Sie vielleicht denken. Wie so häufig im typografischen Design hängt die Vorgehensweise vor allem davon ab, für welchen Zweck der Entwurf gedacht ist. Davon abgesehen gibt es, was die Anordnung angeht, eine überschaubare Anzahl von Varianten, die wir im Folgenden erläutern.

Bilder neben Fließtext

Das Bild wird an beliebiger Stelle neben dem Text platziert. Schrift und Bild sind klar voneinander getrennt. Diese Variante findet sich zum Beispiel in Magazinen, Zeitungen oder Büchern, bei denen eine Seite oder der Teil einer Seite ein Bild enthält und die Schrift mit etwas Abstand zu diesem Bild gesetzt wird.

Bilder im Fließtext

Hier wird die Schrift in einem Raster mehrspaltig gesetzt. Die Bilder können klein sein, quasi einspaltig, oder über mehrere Spalten laufen. Vorsicht ist geboten, wenn Bilder, die über mehrere Spalten reichen, so groß sind, dass sie den Lesefluss unterbrechen. Wenn Schrift in Spalten gesetzt wird, lesen wir auf der Seite von oben nach unten und bewegen uns dann von links nach rechts über die Seite. Bilder, die über alle Spalten gehen, sollten daher über oder unter den Text gesetzt werden, um ihn nicht zu zerreißen.

Schrift vor Bildern

Schrift, die auf einem Bild platziert wird, kann problematisch sein. Sie müssen dabei berücksichtigen, wie die Schrift die Wirkung des Bild verändert, aber auch, ob die Platzierung der Schrift auf dem Bild Lesbarkeit und Leserlichkeit beeinträchtigt. Wenn die Schrift zu klein oder zu leicht ist, wird sie auf dem Bild meist unscharf. Dann muss entweder der Kontrast des Bildes verringert oder das Bild in einer Farbe getönt werden. Auf diese Weise erzielt man einen stärkeren Kontrast zwischen Schrift und Bild.

Gegenüber
Dieses vom Autor gestaltete Ausstellungsplakat lädt den Betrachter ein, durch die letzten 100 Jahre im wahrsten Sinne des Wortes „hindurchzusehen". Format und Elemente bilden einen eigenen Raster und führen vor Augen, welchen Einfluss die Moderne auf die Kunst- und Designausbildung dieser Periode hatte.

portsmouth
1908–2008
exhibition and degree show
100
one hundred years of art and design
Animation
Communication Design
Design for Interactive Media
Fashion and Textiles Enterprise
Fine Art
Illustration
Photography
Restoration and Decorative Studies
Three Dimensional Design
Access to HE Art, Design and Photography
Open to the public:
07.06.08–13.06.08
10am–4pm Daily
Show opening:
06.06.08
6pm–9pm
The Fashion Salon:
06.06.08
6pm, 7pm and 8pm
Portsmouth School of Art,
Design and Media
Eldon Building
Winston Churchill Avenue
Portsmouth PO1 2DJ
Contact:
Melanie Lang
T: +44 (0)2392 84 3801
melanie.lang@port.ac.uk
www.port.ac.uk

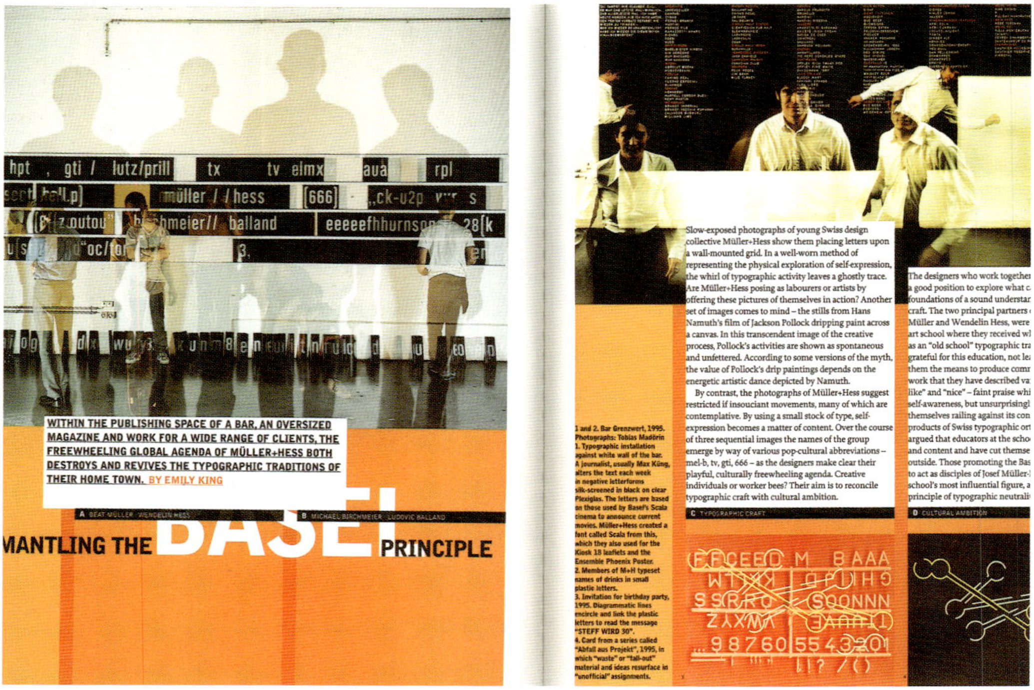

Eine andere Möglichkeit, Schrift auf einem Bild zu platzieren, besteht darin, die Schrift in einen Kasten zu setzen, der das Bild an dieser Stelle entweder komplett überdeckt oder transparent ist. Dazu wird der Kontrast des Bildes hinter dem Kasten stark verringert.

Wenn die Schrift groß genug ist, was vor allem bei Displaygrößen der Fall sein mag, kann die Schrift selbst durchscheinend sein, sodass das Bild durch die Schrift hindurch zu sehen ist. Einen vergleichbaren Effekt erzielt man durch Überdrucken mit speziellen Druckfarben, die darunterliegende Details sichtbar lassen.

Die Technik des Überdruckens hat in den letzten Jahren ein wahres Comeback erlebt und wird oft eingesetzt. Früher war dieses Verfahren allerdings kein Stilmittel, sondern eher eine Notwendigkeit, die sich aus Einschränkungen bei der Drucktechnik ergab. Wird Überdrucken gekonnt ausgeführt, kann es sehr direkt und authentisch wirken.

Gegenüber
Bei dieser von Nick Bell für das Magazin *Eye* gestalteten Doppelseite wiederholt sich die Ästhetik der sich überlagernden Bilder in Form und Satz des Textes.

Unten
Bei diesem Cover von Gerard Unger ist das Foto durch die typografischen Elemente hindurch sichtbar, wodurch beide Ebenen gleichzeitig gelesen werden können.

Bilder vor Schrift

Dabei geht man im Prinzip genauso vor wie bei Schrift vor Bildern (Transparenz und Überdrucken). Wenn die Schrift groß genug ist (etwa bei sehr großem Displaysatz) und die Bilder klein genug sind, können diese auf der Schrift platziert werden, ohne Kompromisse bei der Lesbarkeit machen zu müssen.

Bilder in der Schrift

Dazu wird im Grunde der Umriss der Schrift als Bildkasten verwendet. Wenn es gut gemacht ist, kann dieser Effekt durchaus Wirkung haben, in vielen Fällen ist das Ergebnis aber leider nicht besonders orignell.

Schrift im Bild

Die Schrift wird in das Foto selbst gesetzt, oder das Bild wird mit einer entsprechenden Software bearbeitet. An vielen Verbrechen gegen die Typografie sind Fotobearbeitungsprogramme schuld ... Sie sollten stets mit Umsicht verwendet werden. Für bestimmte Anwendungen sind sie jedoch brauchbar, solange Sie angesichts der Vielzahl verfügbarer Filter und Effekte nicht die Kontrolle über sich verlieren. Design verlangt Reflexion, nicht Automation.

Mehr als Sprache

Schrift ist Form und letzten Endes Form allein. Wir können nicht umhin, mit Schrift Bilder zu schaffen, wenn wir unsere Entwürfe ausarbeiten. Doch in der Flut an Schrift um uns herum droht unser Verständnis von Typografie förmlich unterzugehen. In den großen Städten, in denen die meisten von uns leben, fällt uns gar nicht mehr auf, wie vielfältig und abwechslungsreich Buchstaben und Typografie sein können, denen wir auf der Straße begegnen. Wir sind nicht mehr so empfänglich für das Bild, das ein Textblock ergibt, oder für die Muster, die die Absätze im Layout einer Buchseite bilden.

Wenn wir über Schrift als Bild sprechen, meinen wir damit in der Regel Schrift, die in Displaygrößen verwendet wird. Aber auch Schrift, die bewusst über ihre Funktion als Kommunikationsweg für Sprache hinausweist. Der Begriff „Schrift als Bild" meint *nicht*, aus Schrift Bilder herzustellen und dabei Buchstaben zu Mustern zu verarbeiten – obwohl es einige beeindruckende Ausnahmen gibt, bei denen genau diese Methode funktioniert hat.

Schrift als Bild kann sich am skulpturalen Charakter des Buchstabens orientieren. Schriften können so stark vergrößert werden, dass wir völlig neue Eigenschaften an ihnen entdecken. Buchstaben können abstrakt verwendet werden. Sie können die ihnen zugedachte symbolische Funktion als Signifikant eines Lautes verlieren und neue Beziehungen und Bindungen mit anderen Buchstaben und Symbolen eingehen, sodass eine völlig neue Bedeutung entsteht oder ihre rein visuellen Eigenschaften zum Tragen kommen.

Gegenüber
Dieses Werk von Phil Baines ist ein Hochdruck. Durch die Platzierung vor einem bunten Hintergrund aus Form und Farbe erhält das Wort „Omega" eine größere visuelle Bedeutung.

Oben
Studentenprojekt mit experimentellen Schriften: Eine Sequenz aus abstrakten typografischen Kompositionen erforscht die Funktion der Herzklappen und den Fluss des sauerstoffreichen Blutes.

Hendrik Nicolaas Werkman
Der Künstler und Drucker Hendrik Nicolaas Werkman wurde 1882 in der niederländischen Provinz Groningen geboren.

Er gilt als einer der Wegbereiter der expressiven Displaytypografie (Schrift als Bild) des frühen 20. Jahrhunderts.

1918 schloss sich Werkman der niederländischen Künstlervereinigung „De Ploeg" (Der Pflug) an und produzierte für sie bemerkenswerte Drucksachen. In seiner Arbeit verfolgte er zunehmend einen avantgardistischen Ansatz und experimentierte mit Schrift in expressiver, fast malerischer Darstellung. Werkman verwendete für seine Arbeiten mehrere Druckverfahren gleichzeitig, unter anderem Lettern, Druckformen, Schablonen und Stempel. Darüber hinaus entwickelte er eigene Druckverfahren mit gefundenen Materialien, die seinen Arbeiten ein unverwechselbares Aussehen gaben. Zu seinen verschiedenen Techniken gehörten Tiksels („Tippereien"), Druksels („Druckereien") und Hot Printing.

1940, kurz nach dem Einmarsch der deutschen Truppen in die Niederlande, gründete Werkman zusammen mit anderen „De Blauwe Schuit" (Die blaue Barke). In kleinen oder größeren Auflagen erschienen insgesamt vierzig Hefte mit Erzählungen und Gedichten, die zwischen den Zeilen Kritik an den Besatzern übten und den Besetzten Mut machen sollten. Werkman wurde im März 1945, drei Tage vor der Befreiung Groningens, von den Nationalsozialisten verhaftet und zusammen mit anderen von der Gestapo erschossen. Das H. N. Werkman College in Groningen ist nach ihm benannt.

Unten
Die Kombination aus modularer Schrift und modularem Aufbau auf diesem Plakat von Hamish Muir/8vo zeigt, dass Schrift sowohl als Bild als auch als Text funktionieren kann.

Gegenüber
Auf dem Plakat von MadeThought wird aus Inhalt und Form der Schrift eine spielerische Beziehung zwischen Schrift und Bild.

Experimentieren mit Schrift

Viele der frühen Wegbereiter moderner Typografie beschäftigten sich mit dem Charakter von Schrift als Bild. Die Typografie befreite sich von den Restriktionen, die die Technik des Metallhochdrucks ihr auferlegte. Schrift wurde jetzt auch von Hand direkt auf die Seite gedruckt, als Collage gestaltet oder war Teil von Montagen.

Schrift wurde expressiv und dynamisch. Sie konnte Spannung erzeugen und wurde benutzt, um sich mit der Struktur von Sprache im Verhältnis zu ihrer visuellen Gestalt auseinanderzusetzen. Schrift wurde abstrakter, grafischer, ja sogar malerischer.

Schrift wurde benutzt, um Möglichkeiten der typografischen Gestaltung auszuloten. In diesem Zusammenhang wurden mit Schrift auch politische Aussagen getroffen.

Mit Schrift zu experimentieren ist eine großartige Möglichkeit, Schrift besser kennenzulernen. Experimente machen Spaß und sind sehr erhellend. Sie werden Ihnen zum Beispiel vor Augen führen, wie Buchstaben sich verhalten, wenn sie in sehr großen Schriftgraden verwendet werden.

Viele der formalen Überlegungen, die für die Anordnung und den Satz von Schrift gelten, werden Sie jedoch über Bord werfen müssen. Bei der Konstruktion von Schrift als Bild geht alles – die kreativen Parameter sind allein der Phantasie überlassen. Allerdings brauchen Sie etwas Übung.

Bei dieser Form der Typografie werden zwar viele der formalen Überlegungen zu anderen Aspekten typografischer Praxis außer Acht gelassen, Feingefühl und ein Auge für Details sind jedoch auch hier Faktoren, die nicht vernachlässigt werden dürfen. Guter Geschmack und Zweckmäßigkeit haben nach wie vor Priorität.

unfold
japan

Klarheit und Ordnung

Hierarchisierung in der Typografie schafft Klarheit und Ordnung für den Leser. Viele ältere Regeln für typografische Hierarchisierung sind inzwischen durch solche ersetzt worden, die die moderne Typografie entwickelt hat.

Durch Hierarchisierung erreicht man ein eindeutiges visuelles Orientierungssystem, das den Leser durch die Bestandteile eines Textes führt. Eine solche Struktur wird durch die Verwendung folgender Elemente geschaffen:

Haupttitel

Zwischentitel

Vorspann

Fließtext

Bildunterschriften

Kolumnentitel

Seitenzahlen

Pull Quotes und Zitatkästen

Marginalien und Fußnoten

Es ist die Aufgabe des Designers, dafür zu sorgen, dass die zu kommunizierende Information richtig aufgenommen werden kann. Ein Weg, dies zu erreichen, besteht darin, sie in kleinere, leicht identifizierbare Portionen zu zerteilen. Ist dies geschehen, muss der Designer Ordnungsebenen und die visuellen Verbindungen, die zwischen den verschiedenen Inhalts-Abschnitten bestehen sollen, festlegen.

Dabei kommt es darauf an, einen erkennbaren Kontrast zwischen den verschiedenen Elementen zu schaffen, der jedoch nicht so stark sein darf, dass die Elemente sich gegenseitig Konkurrenz machen.

Beginnen Sie damit, dass Sie sich Gedanken über die Textschrift machen. Ein Beispiel: Für eine Broschüre, die und modern und schlicht wirken soll, bietet sich die Akzidenz Grotesk Light 8/10 pt (8-pt-Schrift mit 10 pt Durchschuss) als Textschrift an. Zwischentitel brauchen nicht größer zu sein, sie sollten in der gleichen Schrift, aber in der fetten Gewichtung, gesetzt werden.

Vielleicht werden Sie eine Leerzeile zwischen Zwischentitel und Text einfügen wollen, obwohl dies mitunter dazu führt, dass die Zwischentitel zu weit vom Text darunter entfernt sind. Wenn Sie die Zwischentitel doch größer setzen wollen, sollten Sie diese nicht um mehr als 2 pt vergrößern. Überschriften können bei Bedarf größer gesetzt werden, da sie als Displayschrift gelten können. Achten Sie dabei auf die Proportionen der gesamten Broschüre und das Größenverhältnis zwischen Titel und Textschrift.

Auch das Verhältnis zwischen Schriftgröße und -gewichtung spielt eine Rolle. Mögen die Unterschiede auf den ersten Blick auch klein wirken, verschiedene Schriftschnitte können im Gesamtdesign einiges ausmachen.

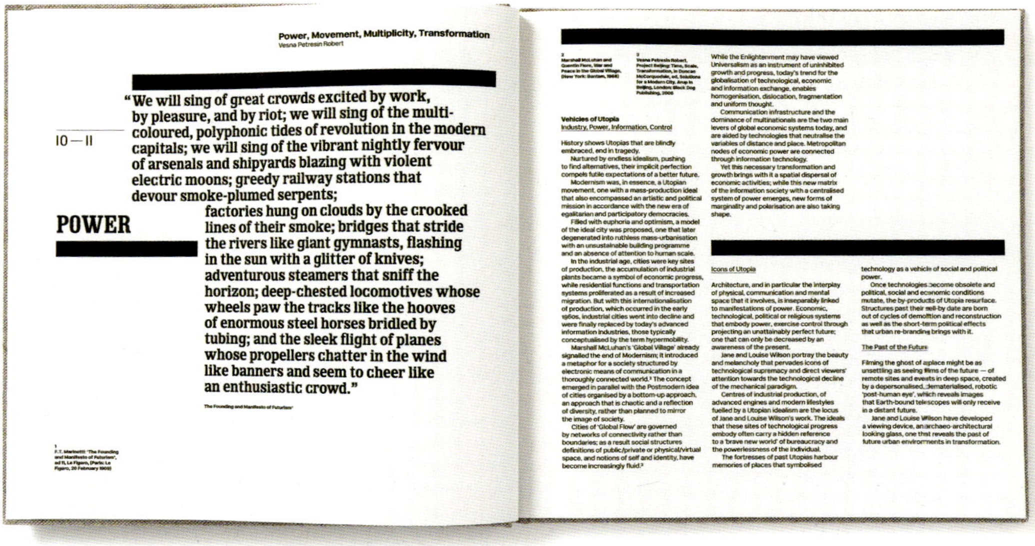

Oben
A2 Design gestaltete dieses Buch über die britischen Künstlerinnen Jane und Louise Wilson mit einer maßgeschneiderten Schrift. Die Hierarchisierung ist klar erkennbar.

Rechts
Diese Doppelseite von Paulus M. Dreibholz zeigt, wie typografische Hierarchisierung Struktur ins Layout bringt. Die architektonische Gestaltung passt zum Thema.

Sehen und Lesen

„Lesbarkeit" und „Leserlichkeit" sind zwei Wörter, die für Typografie eine große Bedeutung haben und die Sie immer wieder hören werden. Häufig wird angenommen, dass diese beiden Begriffe das Gleiche bedeuten – dem ist jedoch nicht so.

„Lesbarkeit" bezieht sich auf die Erkennbarkeit der grafischen Darstellung. Sie wird meistens auf Buchstaben- oder Wortebene beurteilt und bezieht sich auf bestimmte Eigenschaften, die für eine Schrift charakteristisch sind. Ein Font gilt als gut oder schlecht lesbar (oder sogar unlesbar), je nachdem, wie deutlich er in unterschiedlichen Schriftgrößen dargestellt wird. Auch Druckverfahren, Druckfarben, Farbauswahl und Material/Medium haben Einfluss darauf, wie erkennbar, unterscheidbar bzw. lesbar Typografie ist.

114—115

Gegenüber
Text- und Displaysatz bei dieser Gestaltung eines Portfolios von Phil Baines und Catherine Dixon sind klar und zurückhaltend, sodass ein äußerst lesbarer und leserlicher Text entsteht.

Rechts
Cartlidge Levenes Typografie für die Carlisle Group verwendet einen fetten serifenlosen Font als Textschrift. Doch auch dieser Text ist sehr gut lesbar und leserlich.

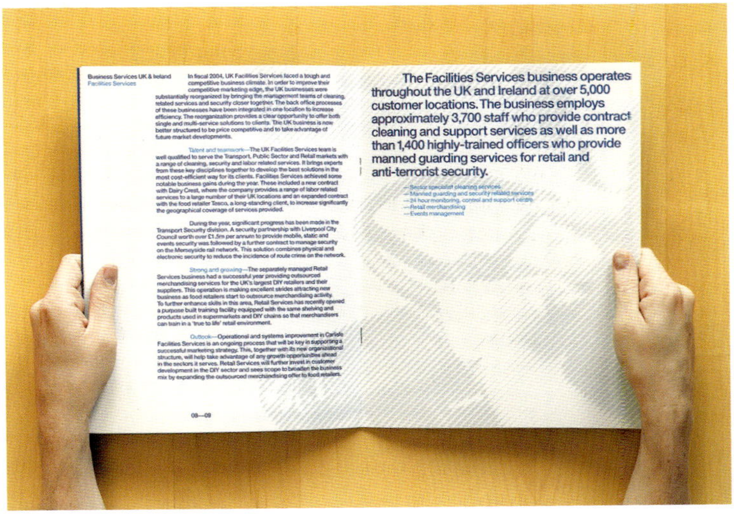

Einige der Faktoren, die Typografie lesbar oder unlesbar machen, haben auch Einfluss darauf, wie leserlich diese ist. Schriftauswahl, Druckqualität, Materialien usw. bestimmen das Maß der Leserlichkeit, doch Schriftgröße, Durchschuss, Abstände und Ausrichtung der Schrift haben ebenfalls Einfluss.

Wenn Sie mit Typografie arbeiten, sollten Sie stets berücksichtigen, dass der Hauptsinn von Schrift darin besteht, von jemandem gelesen zu werden. Designer, die sich selbst und ihre Arbeit weiterentwickeln wollen, brauchen Urteilsvermögen, um hochwertige Schriften zu erkennen und die passende auszuwählen. Sie müssen lernen, wie sie eine Schrift in unterschiedlichen Kontexten richtig verwenden, und bemerken, wo falsch gewählte Größen und Abstände Probleme bei Lesbarkeit oder Leserlichkeit verursachen.

„Vorrangiges Ziel der Typografie ist es, Harmonie und Lesbarkeit zu erreichen."

Oliver Simon
Introduction to Typography (1945)

Typografische Farbe

Der Begriff „typografische Farbe" bezieht sich auf den Gesamteindruck oder die Textur des Textsatzes. Im Allgemeinen schätzen es Typografen, wenn der Text eine gleichmäßige bzw. gräuliche Farbe hat. Dies erreicht man durch Arbeit an der Mikrotypografie. Dazu muss man wissen, welchen Einfluss Eingriffe auf dieser Ebene auf den Gesamteindruck des Schriftbilds haben.

Die Wahl der Schrift ist entscheidend dafür, ob im Satz eine gute oder gleichmäßige Farbe erreicht werden kann. Wieder sind hochwertige, gut geschnittene Schriften im Vorteil. Auch die Gestaltung der Schrift hat großen Einfluss. Ob eine Schrift Serifen hat oder nicht, kann einen großen Unterschied machen, und selbst verschiedene Arten von serifenlosen Schriften bzw. Serifenschriften wirken sehr unterschiedlich. Man kann die Entscheidung für eine Schrift vielleicht mit der Auswahl des Garns zum Weben vergleichen. Eine Einzelheit in einem umfangreichen Entscheidungsprozess, aber mit erheblicher Auswirkung auf Qualität und Anmutung des fertigen Produkts.

Auch Buchstabenabstand, Wortabstand und Durchschuss verändern das Aussehen eines Textes mitunter ganz erheblich und müssen mit Bedacht gewählt werden. Das Sperren von Kleinbuchstaben wird in der Regel nicht gern gesehen, doch kleine Regulierungen des Zeichenabstands können sinnvoll sein. Ist die Erweiterung zu stark, brechen die Wörter auseinander, werden sie zu stark zusammengestaucht, sehen sie aus wie Kleckse. Auch der Wortabstand ist wichtig. Ist er zu groß, entstehen „Löcher" im Text. Ist er zu gering, sieht es so aus, als würden die Wörter „ineinanderlaufen". Wenn der Durchschuss zu klein gewählt wurde, wirkt der Text dick und schwer; ist der Durchschuss zu groß, fangen die Zeilen an, sich voneinander zu lösen.

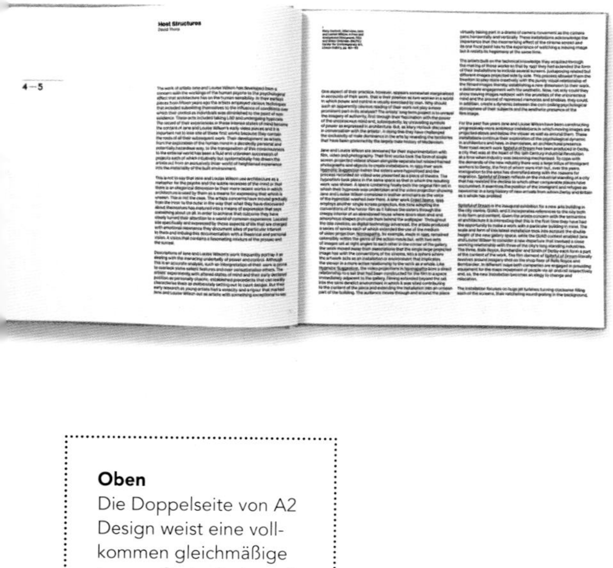
4—5

Host Structures

Oben
Die Doppelseite von A2 Design weist eine vollkommen gleichmäßige typografische Farbe auf.

Gegenüber
Schriftwahl und Abstände haben Einfluss auf die typografische Farbe, die sich auf die Lesbarkeit eines Textes auswirkt. Oben: Normale Abstände. Mitte: Buchstaben- und Wortabstände sowie der Durchschuss sind zu groß gewählt. Unten: Der gleiche Absatz mit zu geringen Abständen.

Wenn Zeilen mit Schrift zu lang oder zu kurz gesetzt werden, hat der Leser entweder Schwierigkeiten, die nächste Zeile in einem Absatz zu finden (vor allem, wenn es ein längerer Text ist), oder der Text wirkt zerrissen und unterbrochen. Beim Satz sollten Buchstabenabstand, Wortabstand und Durchschuss berücksichtigt werden. Jedes dieser Elemente beeinflusst nicht nur den Gesamteindruck eines Textes, sondern bestimmt auch, wie ein Text funktioniert. Darüber hinaus erfordern Lesetypografie und Displaytypografie jeweils ein unterschiedliches Maß an Detailgenauigkeit, was allerdings nicht heißt, dass nicht in beiden Fällen ähnliche Richtlinien gelten. Es kann jedoch sein, dass bestimmte Details mehr oder weniger sichtbar sind, abhängig davon, wie die Schrift verwendet wird.

Wenn Zeilen mit Schrift zu lang oder zu kurz gesetzt werden, hat der Leser entweder Schwierigkeiten, die nächste Zeile in einem Absatz zu finden (vor allem, wenn es ein längerer Text ist), oder der Text wirkt zerrissen und unterbrochen. Beim Satz sollten Buchstabenabstand, Wortabstand und Durchschuss berücksichtigt werden. Jedes dieser Elemente beeinflusst nicht nur den Gesamteindruck eines Textes, sondern bestimmt auch, wie ein Text funktioniert. Darüber hinaus erfordern Lesetypografie und Displaytypografie jeweils ein unterschiedliches Maß an Detailgenauigkeit, was allerdings nicht heißt, dass nicht in beiden Fällen ähnliche Richtlinien gelten. Es kann jedoch sein, dass bestimmte Details mehr oder weniger sichtbar sind, abhängig davon, wie die Schrift verwendet wird.

Wenn Zeilen mit Schrift zu lang oder zu kurz gesetzt werden, hat der Leser entweder Schwierigkeiten, die nächste Zeile in einem Absatz zu finden (vor allem, wenn es ein längerer Text ist), oder der Text wirkt zerrissen und unterbrochen. Beim Satz sollten Buchstabenabstand, Wortabstand und Durchschuss berücksichtigt werden. Jedes dieser Elemente beeinflusst nicht nur den Gesamteindruck eines Textes, sondern bestimmt auch, wie ein Text funktioniert. Darüber hinaus erfordern Lesetypografie und Displaytypografie jeweils ein unterschiedliches Maß an Detailgenauigkeit, was allerdings nicht heißt, dass nicht in beiden Fällen ähnliche Richtlinien gelten. Es kann jedoch sein, dass bestimmte Details mehr oder weniger sichtbar sind, abhängig davon, wie die Schrift verwendet wird.

Schrift und Farbe

Die Farbe spielt bei Schrift eine sehr große Rolle, insbesondere bei Textschrift, bei der die Wirkung von Farbe stärker auffällt. Bei typografischen Arbeiten kann die gewählte Farbe Einfluss auf Faktoren wie Lesbarkeit und Leserlichkeit der Schrift haben. Fast immer wird für Lesetypografie schwarze Schrift auf weißem Hintergrund gewählt. Allerdings wird üblicherweise ein Weiß verwendet, das nicht hochweiß ist, sondern naturweiß oder gebrochen weiß, vor allem für Buchtypografie.

Farbe beeinflusst den Kontrast zwischen Schrift und Hintergrund. Wenn der Kontrast zu stark ist, kann es vorkommen, dass die Schrift blendet oder zu flimmern beginnt. Ist der Kontrast zu gering, verschwindet die Schrift.

Bestimmte Farben sollte man bei Textschriften vermeiden. Gelbe Schrift auf weißem Hintergrund wirkt nahezu unsichtbar, genau wie weiße Schrift auf Gelb. Gelb neigt dazu, sich „auszubreiten", daher ist es schwierig, die Konturen der Buchstaben zu erkennen.

Gelb funktioniert nur bei großen Schriftgraden, oder wenn dem Gelb ein kleiner Anteil einer anderen Farbe beigegeben wird, damit es mehr Gewicht bekommt.

Auch bestimmte Rottöne sind problematisch. Kombinationen wie Blau und Grün, Hellblau und Orange, Rot und Grün sollten mit Vorsicht verwendet werden. Einige Farbkombinationen sind nicht nur schwer zu lesen, sondern können für Leser mit Farbsehstörungen unsichtbar sein.

Schließlich sollten Sie den Rat von Josef Müller-Brockmann beherzigen, der empfiehlt, mit einer eingeschränkten Farbpalette zu arbeiten. Schlichte ein- oder zweifarbige Entwürfe zwingen uns dazu, kreativer mit den von uns gewählten Farben umzugehen und diese effektiver einzusetzen. Mit etwas Übung werden Sie selbst feststellen, welche Kombinationen am besten funktionieren.

„Die sparsame, aber methodische und logische Verwendung von Farbe ist erheblich wirkungsvoller als die Kombination von vielen verschiedenen Farben. Wenn Farbe verwendet wird, sollte sie deutlich zu sehen sein, und die Gründe für ihren Einsatz sollten sofort einleuchten."

Josef Müller-Brockmann
Gestaltungsprobleme des Grafikers (1961)

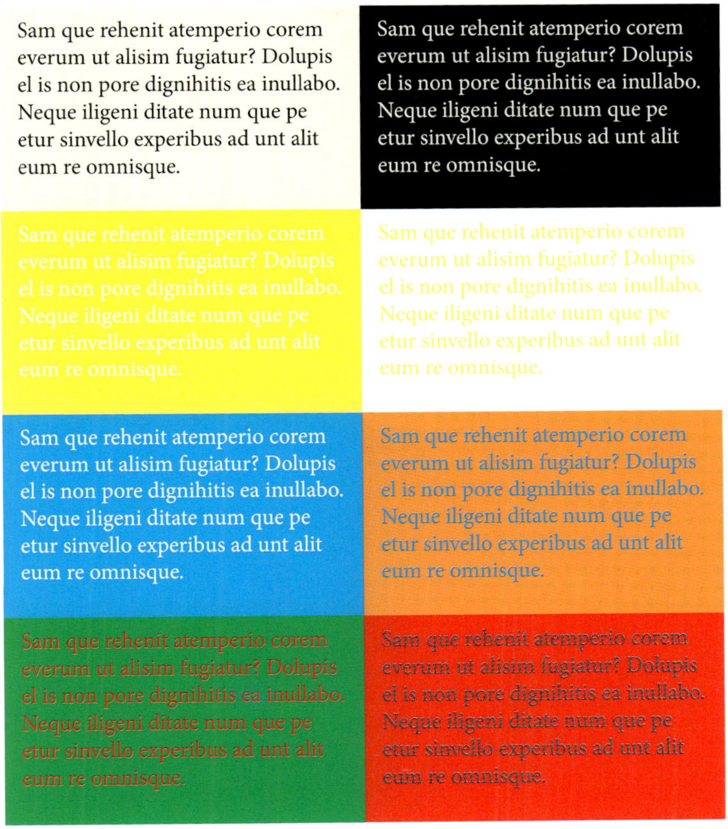

Oben
Farbe beeinflusst sowohl die Lesbarkeit als auch die Leserlichkeit. Schwarz auf gebrochenem Weiß gilt als eine besonders leserliche Kombination. Ideen für den Einsatz von Farbe sollten Sie ausprobieren, bevor Sie in Ihrem Entwurf damit arbeiten. Einige Farbkombinationen vermeidet man besser.

Entwurf eines einfachen Plakats

Bei dieser Aufgabe geht es darum, das bisher Erläuterte in einem Entwurf umzusetzen.

Die Aufgabe

Entwerfen Sie ein Plakat im Format A2 (420x594 mm) zu dem Thema: Meine persönliche Auffassung von Typografie. Formulieren Sie eine ca. 100 Wörter umfassende Beschreibung, die beinhaltet, was Sie bis jetzt über das Thema wissen, und wählen Sie einen Titel, zum Beispiel „Typografie ist …".

Entwerfen Sie ein Rastersystem für Ihre A2-Seite. Zeichnen Sie den Raster auf A2-Papier (nicht mit dem Computer arbeiten!), und entscheiden Sie, ob Sie mit einem einfachen Spaltenraster oder einem modularen Raster arbeiten möchten. Legen Sie fest, wie breit Spalten und Stege sein sollen.

Wählen Sie einen schlichten, serifenlosen Font (zum Beispiel Gill Sans oder Helvetica), und setzen Sie den Text auf dem Computer in 10 pt mit 12 pt Durchschuss in Spaltenbreite. Setzen Sie den Titel mit dem gleichen Font (Sie können eine fettere Gewichtung wählen) in verschiedenen Schriftgraden, etwa von 48 bis 100 pt. Drucken Sie beides aus. Stellen Sie Kopien in verschiedenen Vergrößerungen her und schneiden Sie alles aus.

Nutzen Sie den Raster als Orientierungshilfe und arrangieren Sie Text und Titel eine Stunde lang so oft wie möglich zu verschiedenen Kompositionen. Fotografieren Sie jeden Entwurf.

Stellen Sie anhand der Fotos fest, welche Entwürfe am besten funktioniert haben. Reproduzieren Sie die besten noch einmal am Computer, und übernehmen Sie dabei Abmessungen und Abstände Ihrer Collage.

Einzige Vorgabe ist, dass die Textschrift als solche funktionieren muss. Heißt, die Schrift muss deutlich, lesbar und leserlich sein. Ihre Displaytypografie darf alles sein, von wohl geordnet und elegant bis hin zu laut und aggressiv!

Tipp

Überlegen Sie, was Sie mit Ihrem Layout zeigen wollen. Mögliche Themen wären Unterschiede bei Maßstab und Proportionen, Spannung, Ausgewogenheit oder Symmetrie. Versuchen Sie, Ihre Idee weiterzuentwickeln. Keine Angst vor großen Schriftgraden! Arbeiten Sie mit der Größe und dem Format der Seite. Nicht vergessen: Schrift kann man anschneiden, drehen, wiederholen usw.

N.B.: Bei dieser Übung geht es vor allem darum, mit einem Maßstab von 100 Prozent zu arbeiten. Wenn wir ein Plakat am Computer erstellen, sehen wir es nicht in der geplanten Größe. Wir vergrößern und verkleinern es ständig, was uns einen falschen Eindruck von der tatsächlichen Größe vermittelt.

Unten
In der Entwurfsgröße zu arbeiten gibt eine bessere Vorstellung von Maßstab und Proportionen. Ein Eindruck, denn wir beim Arbeiten am Computer infolge der Monitorgröße und der Zoomfunktion praktisch nicht bekommen können.

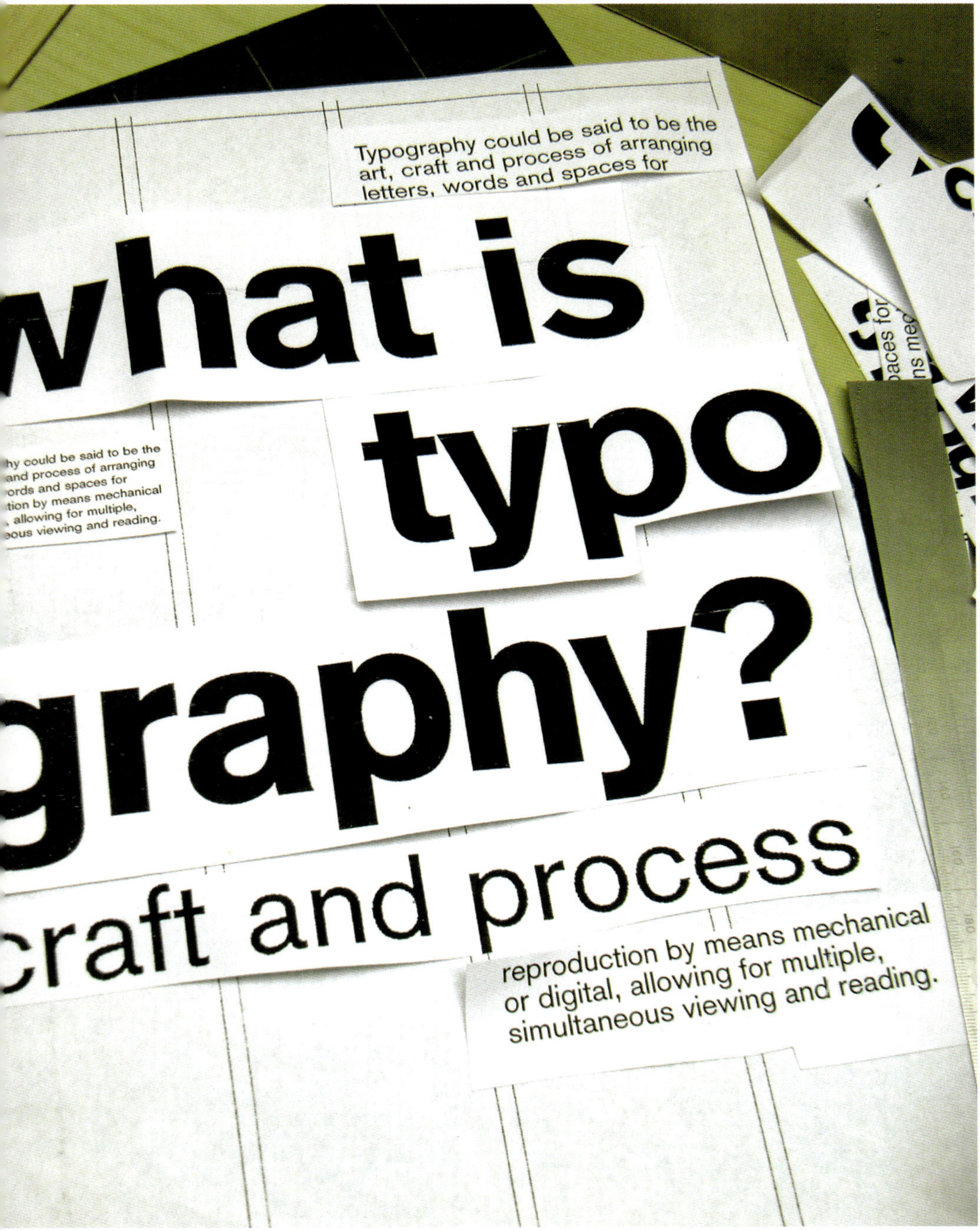

- 0.02em
+0.04 em

Wenn Sie sich näher mit Typografie beschäftigen, werden Sie bald wissen wollen, wie eine bestimmte Wirkung zustande kommt. Und je genauer Sie hinsehen, desto mehr werden Sie in typografischem Material entdecken! Ihnen werden Dinge auffallen, die Sie vorher nicht bemerkt hätten. Das gelingt nicht von heute auf morgen, und der Weg ist nicht einfach. In der Typografie werden Sie Ihr Leben lang dazulernen, und das ist eine gute Nachricht.

Ein Auge für die Details wird Ihre Entwürfe verbessern. Mit der Typografie ist es wie beim Erlernen eines Musikinstruments: Zeit und Übung bringen einen voran. Auch Typografie muss man regelmäßig „üben". Dass Sie ein Musikstück auf einem Klavier perfekt spielen, heißt noch nicht, dass Sie es auf einem anderen genauso gut spielen können. Nicht anders ist es bei der Arbeit mit Schrift in unterschiedlichen Kontexten.

In diesem Kapitel werden wir uns damit beschäftigen, wie man typografisches Material optimiert, vor allem, wenn es um Textschrift geht. Wir werden einige Verfahren und Methoden vorstellen, die Ihnen dabei helfen. Nach einem Regelwerk werden Sie allerdings vergeblich suchen, denn darum geht es uns nicht.

Schriftgröße

Schriftgrößen (auch Schriftgrade genannt) werden in der Regel in Punkt (pt) angegeben, für die Arbeit am Bildschirm manchmal auch in Pixeln (px). Viele Designer verwenden inzwischen auch das metrische Maßsystem. Es wurde bereits erwähnt, dass Schriften für den Textsatz am besten in den Größen von 8 bis 14 pt funktionieren. Der optimale Schriftgrad hängt aber auch von anderen Faktoren ab, vor allem von Zeilenlänge bzw. Spaltenbreite, vom Designkontext, vom Format und von der beabsichtigten Verwendung bzw. dem Zielpublikum. Alles das sollten Sie bei der Wahl der Schriftgröße berücksichtigen. Darüber hinaus sind einige Details der Schrift zu beachten, die im Folgenden erläutert werden.

Schrift hat zwei Größen: Kegelgröße und optische Größe

Wenn Sie sich für eine Schriftgröße entscheiden, wählen Sie eine Kegelhöhe aus. Beim Entwerfen einer Schrift werden die verschiedenen Buchstaben innerhalb eines gedachten Rechtecks mit einer festen Höhe gestaltet. Dieses Rechteck entspricht dem Holz- oder Metallkegel von Hochdrucklettern, daher die Bezeichnung. Oberlängen, Unterlängen, Satzzeichen und diakritische Zeichen befinden sich alle innerhalb dieses Rechtecks. Wenn Sie also zum Beispiel am Computer die Schriftgröße 10 pt einstellen, heißt das, der Schriftkegel der Schrift wird in 10 pt angezeigt. Der Buchstabe, der auf diesem Kegel bzw. in diesem gedachten Rechteck sitzt, kann aber kleiner oder größer erscheinen, je nachdem, mit welcher Schrift Sie arbeiten und wie deren Buchstaben auf dem Kegel sitzen. Die meisten Fonts (mit Ausnahme einiger Displayfonts) sind an einer gemeinsamen Grundlinie ausgerichtet.

x-height x-height

x-height x-height

Oben

In der oberen Zeile haben beide Schriften die gleiche Punktgröße. Die serifenlose Schrift wirkt größer als die Serifenschrift. In der Zeile unten ist die serifenlose Schrift in einer kleineren Punktgröße gesetzt, sodass sie optisch zu der Serifenschrift passt.

Links

Die Schriftgröße entspricht der Größe des Bleikegels. Der Buchstabe sitzt erhaben auf dem Kegel und ändert abhängig von der Form seine optische Größe.

Adobe Garamond Pro 10/12 pt

Wenn Zeilen mit Schrift zu lang oder zu kurz gesetzt werden, hat der Leser entweder Schwierigkeiten, die nächste Zeile in einem Absatz zu finden (vor allem, wenn es ein längerer Text ist), oder der Text wirkt zerrissen und unterbrochen. Beim Satz sollten Buchstabenabstand, Wortabstand und Durchschuss berücksichtigt werden. Jedes dieser Elemente beeinflusst nicht nur den Gesamteindruck eines Textes, sondern bestimmt auch, wie ein Text funktioniert. Darüber hinaus erfordern Lesetypografie und Displaytypografie jeweils ein unterschiedliches Maß an Detailgenauigkeit, was allerdings nicht heißt, dass nicht in beiden Fällen ähnliche Richtlinien gelten. Es kann jedoch sein, dass bestimmte Details mehr oder weniger sichtbar sind, abhängig davon, wie die Schrift verwendet wird.

Apple Garamond 10/12 pt

Wenn Zeilen mit Schrift zu lang oder zu kurz gesetzt werden, hat der Leser entweder Schwierigkeiten, die nächste Zeile in einem Absatz zu finden (vor allem, wenn es ein längerer Text ist), oder der Text wirkt zerrissen und unterbrochen. Beim Satz sollten Buchstabenabstand, Wortabstand und Durchschuss berücksichtigt werden. Jedes dieser Elemente beeinflusst nicht nur den Gesamteindruck eines Textes, sondern bestimmt auch, wie ein Text funktioniert. Darüber hinaus erfordern Lesetypografie und Displaytypografie jeweils ein unterschiedliches Maß an Detailgenauigkeit, was allerdings nicht heißt, dass nicht in beiden Fällen ähnliche Richtlinien gelten. Es kann jedoch sein, dass bestimmte Details mehr oder weniger sichtbar sind, abhängig davon, wie die Schrift verwendet wird.

Stempel Garamond 10/12 pt

Wenn Zeilen mit Schrift zu lang oder zu kurz gesetzt werden, hat der Leser entweder Schwierigkeiten, die nächste Zeile in einem Absatz zu finden (vor allem, wenn es ein längerer Text ist), oder der Text wirkt zerrissen und unterbrochen. Beim Satz sollten Buchstabenabstand, Wortabstand und Durchschuss berücksichtigt werden. Jedes dieser Elemente beeinflusst nicht nur den Gesamteindruck eines Textes, sondern bestimmt auch, wie ein Text funktioniert. Darüber hinaus erfordern Lesetypografie und Displaytypografie jeweils ein unterschiedliches Maß an Detailgenauigkeit, was allerdings nicht heißt, dass nicht in beiden Fällen ähnliche Richtlinien gelten. Es kann jedoch sein, dass bestimmte Details mehr oder weniger sichtbar sind, abhängig davon, wie die Schrift verwendet wird.

Gegenüber
Ein gleicher Name bedeutet nicht, dass Schriften gleich aussehen und sich gleich verhalten. Das Beispiel der drei Garamondschriften zeigt, dass nicht nur ästhetische Unterschiede bestehen, sondern dass Schriften in der gleichen Punktgröße auch anders laufen.

Wenn Sie ein Wort in einer 10 pt Garamond Roman setzen und direkt daneben das gleiche Wort in 10 pt Helvetica, werden Sie feststellen, dass die Helvetica deutlich größer wirkt. Das liegt daran, wie die Buchstaben auf den – gleich großen – Kegeln gestaltet wurden. Wenn Sie in einem Text zwei verschiedene Schriften verwenden, müssen die Schriftgrößen so gewählt werden, dass die Schriften optisch gleich groß sind. Ein Tipp: Vergleichen Sie dazu die Mittellängen (x-Höhe) der Schriften. Sie sollten auf der gleichen Höhe liegen.

Eine Schrift bzw. ein Font kann unterschiedliche optische Größen haben

Viele Textfonts werden heute so gestaltet, dass die Buchstaben in einer Größe von 12 pt optimal dargestellt werden. Das ist ein guter Durchschnitt, damit die Schriften sowohl für Text- als auch für Displaysatz verwendet werden können. Einige Schriften sind jedoch in optischen Variationen erhältlich, deren Schnitte auf die Anwendung in bestimmten Schriftgrößen abgestimmt sind. Die Schnitte, die in Größen für Bildunterschriften verwendet werden, wirken dabei in der Regel etwas breiter und schwerer als ihre Entsprechung in 12 pt. Solche, die für größere Schriftgrade gedacht sind, haben meist dünnere Striche und nicht so breite Serifen.

Wenn Sie mit einem Font arbeiten, der optisch skalierte Schnitte enthält, sollten Sie diese auch nutzen und den Schnitt wählen, der für Ihre Designaufgabe am besten geeignet ist bzw. der von Ihnen gewählten Punktgröße am nächsten kommt.

„Keine Kunst verlangt für ihre Perfektionierung mehr Sensibilität als die Kunst der Typografie."

Christian Heinrich Kleukens

Durchschuss

Der Begriff „Durchschuss" stammt aus dem Bleisatz und bezeichnete Metallstreifen in bestimmten Punktgrößen, die zwischen die Zeilen mit Schrift geschoben bzw. „geschossen" wurden. Die Korrektur des Zeilenabstands war damals (und ist es heute noch) notwendig, um den Schriftsatz gleichmäßiger zu machen. Am Computer geben wir den Durchschuss wie die Schriftgröße in Punkt (pt) an.

Allgemeiner Richtwert für den Durchschuss beim Schriftsatz und auch Standardeinstellung der meisten DTP-Programme ist 120 Prozent der Schriftgröße. Das heißt, wenn wir eine 10 pt Garamond auswählen, legt das Programm automatisch einen 12-pt-Durchschuss fest. Man spricht dann von einer Garamond 10 auf 12 pt bzw. 10/12 pt. Der Wert des Durchschusses wird dabei nicht etwa zu den 10 pt der Schrift hinzugerechnet. Es ist eher so, als würde eine 10-pt-Schrift auf einem 12-pt-Kegel stehen. Wir haben also eigentlich 10 pt Schrift + 2 pt Durchschuss. Das Maß von 12 pt bezeichnet die Höhe des Raums zwischen den Grundlinien der Zeilen in einem Absatz.

Beim Durchschuss gibt es einige Dinge zu beachten. Verlassen Sie sich nicht auf die Standardeinstellungen, sondern legen Sie den Durchschuss selbst fest. Unterschiedliche Schriften erfordern einen unterschiedlichen Durchschuss, damit sie ausgewogen aussehen. Schrift braucht Raum, wenn sie sich entfalten soll, und einige Schriften brauchen mehr Raum als andere. Vermeiden Sie zu viel oder zu wenig Durchschuss zwischen den Zeilen, beides verringert die Lesbarkeit.

Mit zunehmender Schriftgröße muss das Verhältnis Durchschuss zu Schriftgröße unter Umständen reduziert werden. Dies gilt vor allem für Displaygrößen. Schrift in 100 pt hat viel zu viel Platz zwischen den Zeilen, wenn ein standardmäßiger Durchschuss von 120 pt gewählt wird. Der Wert muss reduziert werden, damit die Schrift visuell funktioniert. Um wie viel, hängt auch vom Designkontext ab.

Wenn Zeilen mit Schrift zu lang oder zu kurz gesetzt werden, hat der Leser entweder Schwierigkeiten, die nächste Zeile in einem Absatz zu finden (vor allem, wenn es ein längerer Text ist), oder der Text wirkt zerrissen und unterbrochen. Beim Satz sollten Buchstabenabstand, Wortabstand und Durchschuss berücksichtigt werden. Jedes dieser Elemente beeinflusst nicht nur den Gesamteindruck eines Textes, sondern bestimmt auch, wie ein Text funktioniert.
10,5/13 pt

Wenn Zeilen mit Schrift zu lang oder zu kurz gesetzt werden, hat der Leser entweder Schwierigkeiten, die nächste Zeile in einem Absatz zu finden (vor allem, wenn es ein längerer Text ist), oder der Text wirkt zerrissen und unterbrochen. Beim Satz sollten Buchstabenabstand, Wortabstand und Durchschuss berücksichtigt werden. Jedes dieser Elemente beeinflusst nicht nur den Gesamteindruck eines Textes, sondern bestimmt auch, wie ein Text funktioniert.
10,5/15 pt

Oben
Zu viel oder zu wenig Platz zwischen den Zeilen stört den Lesevorgang. Im Beispiel oben wirkt der Abstand zwischen den Zeilen ausgewogen. Unten sind die Zeilen auseinandergerissen und werden nicht als zusammenhängender Absatz empfunden.

Zeilenlänge

Neben Wahl und Größe der Schrift sowie Buchstaben- und Wortabstand ist die Zeilenlänge ein besonders wichtiger Faktor beim typografischen Design. Die Länge der Schriftzeile gibt die Breite des Satzspiegels bzw. die Spaltenbreite vor. Die Zeilen dürfen weder zu kurz noch zu lang sein. Beides wirkt sich negativ auf die Lesbarkeit eines Textes aus. Eine Zeichenmenge von 60 bis 80 Zeichen bzw. acht bis maximal zwölf Wörtern pro Zeile ist ein guter Anhaltspunkt.

Das gilt aber nicht für jede Publikation. In Magazinen, Broschüren, technischen Fach- oder Wörterbüchern kann die Zeilenlänge auch kürzer sein. Andere Drucksachen dagegen erfordern, dass die Texte in längeren Zeilen gesetzt werden.

Sie müssen berücksichtigen, woran Sie arbeiten. Welchen Inhalt hat ihr Material? Die Zeilenlänge wirkt sich auf unsere Lesegeschwindigkeit aus. Kürzere Zeilen lassen sich schneller lesen. Das ist nützlich für Zeitungen und Magazine, bei denen wir Informationen möglichst schnell aufnehmen wollen. Mit längeren Zeilen dagegen kann die Lesegeschwindigkeit gedrosselt werden. Ein Effekt, der im Buchdesign von Interesse sein kann, wo der Leser unter Umständen mehr Zeit braucht, um den Inhalt aufzunehmen.

Wenn Zeilen mit Schrift zu lang oder zu kurz gesetzt werden,
hat der Leser entweder Schwierigkeiten, die nächste Zeile in
einem Absatz zu finden (vor allem, wenn es ein längerer Text ist …
circa 60 Zeichen pro Zeile
angenehme Zeilenlänge zum Lesen

Wenn Zeilen mit Schrift zu lang
oder zu kurz gesetzt werden, hat
der Leser entweder Schwierigkeiten,
die nächste Zeile in einem Absatz
zu finden (vor allem, wenn es ein
längerer Text ist …
circa 30 Zeichen
zu kurz für bequemes Lesen

Oben
Die Anzahl der Zeichen pro Zeile hilft uns dabei, ein gewisses Lesetempo zu entwickeln.

Unten
Kürzere Zeilen lassen uns schneller lesen, doch wenn sie zu kurz sind, geraten wir ins Stocken.

Unterschneiden

Mit „Unterschneiden" bezeichnete man beim Bleisatz den Vorgang, bei einer Letter ein Stück vom Überhang abzuschneiden, damit ein Buchstabe näher an einen benachbarten Buchstaben herangerückt werden konnte. Bei manchen Zeichen war das notwendig, damit der Abstand zwischen den Buchstaben im Druckbild optisch gleichmäßig erschien.

Auch heute ist diese Anpassung erforderlich, wenn Buchstabenkombinationen zu Löchern im Wortbild führen. In der Regel hat der Schriftdesigner bereits eine automatische Korrektur vorgesehen, die als Kerning bezeichnet wird. Doch es gibt Fälle, in denen Sie die Abstände zwischen den Buchstaben manuell ausmitteln müssen.

Unterschneiden wird meist dann notwendig, wenn die Schrift groß ist, zum Beispiel beim Displaysatz. Bei einigen Programmen lassen sich Werte für sogenannte Kerningpaare eingeben. Sie können damit festlegen, bei welchen Zeichen eine Unterschneidung durchgeführt werden soll, und diese Änderungen dann auf einen ganzen Text oder Entwurf anwenden. In vielen Fällen muss jedoch das geübte Auge des Typografen die Entscheidung für den Einzelfall treffen.

Allgemein gilt: Gerundete (C, O, c, e, o usw.) und eckige Buchstaben (A, V, W, Y, v, w, Y usw.) brauchen etwas weniger Platz um sich herum. Buchstaben mit einer starken Betonung der Vertikalen (H, I, l, i usw.) brauchen mehr. Auch bestimmte Kombinationen aus Groß- und Kleinbuchstaben (Av, Ay, Ta, To, Va, Vo, Wa, Wo, Ya, Yo usw.) erfodern eine Bearbeitung des Buchstabenabstands. Für das kleine „f" enthalten die meisten Fonts zumindest für „fi" und „fl" Ligaturen, die bei Textschriften unbedingt verwendet werden sollten. Bei Displayschrift sind diese weniger überzeugend. Beim Ziffernsatz müssen häufig die Seitenabstände der 1 korrigiert werden.

Auch Satz- und Sonderzeichen müssen unterschnitten werden, wenn sie harmonisch im Text stehen sollen.

Unten
Die Abstände zwischen den Buchstaben wirken gleichmäßig. Die blauen Quadrate zeigen jedoch, dass die vertikal betonten Buchstaben mehr Platz um sich brauchen als die gerundeten oder solche mit diagonalen Strichen, damit das Auge den Abstand als stimmig wahrnimmt.

„Neunzig Prozent der Ausdrucke, die für den Typografen eine Enttäuschung sind, haben diesen Umstand der völligen Missachtung von Zwischenräumen zu verdanken ..."

Vincent Steer
Printing Design and Layout

Spationieren

Zur Erstellung eines ausgeglichenen Satzbildes gibt es neben dem Ausgleichen einzelner Buchstabenabstände durch Unterschneiden auch die Möglichkeit einer Erweiterung der Laufweite zwischen mehreren aufeinanderfolgenden Zeichen. Dieser Vorgang heißt Spationieren. Es kommt vor, dass die Buchstaben- und Wortabstände einer Schrift in der gewählten Größe insgesamt zu groß oder zu klein sind. Durch Veränderungen der Laufweite kann man die Lesbarkeit verbessern.

Bei einem Text, der vollständig in Versalien gesetzt ist, müssen die Abstände generell vergrößert werden. Die Buchstaben brauchen aufgrund der größeren Innenflächen – der Punzen – grundsätzlich mehr Abstand voneinander. Da Großbuchstaben in Höhe und Breite sehr gleichmäßig sind, treten die Innenflächen deutlicher hervor. Dem muss der umgebende Raum angepasst werden, damit sie nicht wie Löcher aus dem Satzbild hervortreten.

Herrscht Platzmangel, kann negatives Spationieren eine Möglichkeit sein. Gleichmäßig auf den gesamten Fließtext in einem Buch angewendet, kann das den Seitenumfang reduzieren oder Raum für Bilder und Illustrationen schaffen. Beim Zeitungs- und Magazinsatz, der meist schmale Spalten verwendet, kann negatives Spationieren ein zusätzliches Wort pro Zeile bringen.

Vorsicht ist geboten: Treibt man die Zeilen zu stark auseinander, fangen Buchstaben und Wörter an, Grüppchen zu bilden, und das Satzbild sieht ungleichmäßig aus. Spationieren eignet sich vor allem für kleine Regulierungen.

Unten
Beim Textsatz sollten Sie nur sehr vorsichtig spationieren, die empfohlenen Grenzwerte einhalten und im Zweifelsfall lieber darauf verzichten. Die Beispiele unten zeigen, wie zu starkes Spationieren den Lesefluss stört. Der Text, dessen Laufweite nicht verändert wurde, ist am besten lesbar.

Wenn Zeilen mit Schrift zu lang oder zu kurz gesetzt werden,
hat der Leser entweder Schwierigkeiten, die nächste Zeile in
einem Absatz zu

minus 25 Einheiten Spationierung

Wenn Zeilen mit Schrift zu lang oder zu kurz gesetzt werden,
hat der Leser entweder Schwierigkeiten, die nächste Zeile in
einem Absatz zu

keine Spationierung

Wenn Zeilen mit Schrift zu lang oder zu kurz gesetzt werden,
hat der Leser entweder Schwierigkeiten, die nächste Zeile in
einem Absatz zu

25 Einheiten Spationierung

Wenn Zeilen mit Schrift zu lang oder zu kurz gesetzt werden,
hat der Leser entweder Schwierigkeiten, die nächste Zeile in
einem Absatz zu

50 Einheiten Spationierung

Abstände

In einem Text gibt es drei Arten von Abständen: Buchstabenabstände, Wortabstände und Zeilenabstände. Mit Zeilenabstand und Durchschuss haben wir uns bereits beschäftigt und gelernt, dass der Durchschuss von der gewählten Schrift, der Schriftgröße und der Zeilenlänge abhängt.

Genauso wichtig sind jedoch die richtigen Abstände zwischen den Buchstaben und Wörtern. Anfängern fehlt dafür noch der Blick, doch man kann das Auge so trainieren, dass es kleinste Details erkennt.

Der Buchstabenabstand sollte niemals ohne guten Grund geändert werden. Wenn Sie nicht genau wissen, warum Sie ihn ändern wollen – lassen Sie es. Möchten Sie eine Abstandsanpassung vornehmen, können Sie dazu in einigen Programmen den Laufweitewert ändern oder Ausrichtungswerte festlegen.

Der Buchstabenabstand darf nicht zu eng gewählt werden, damit die Buchstaben nicht miteinander kollidieren. Ist der Buchstabenabstand im laufenden Text zu klein, bilden die Wörter Grüppchen. Die Folge sind störende, unansehnliche Flecken im Text. Wird der Buchstabenabstand zu sehr vergrößert, brechen die Wörter auseinander und die Zwischenräume zwischen Buchstaben und Wörtern sind nicht mehr klar unterscheidbar. Bei fetten oder schweren Schriften kann ein etwas engerer Buchstabenabstand erforderlich sein, besonders bei großen Schriftgraden.

Der Wortabstand hängt von der gewählten Schrift ab und funktioniert als Teil des Fonts. Auch hier ist es so, dass der automatische Abstand für Textgrößen meistens gut passt und keiner Änderung bedarf. Als Richtlinie kann gelten: Der Wortabstand sollte mit der Breite des kleinen „i" übereinstimmen. Die Grundlage für die Berechnung des Wortabstands bildet traditionell das Geviert, jenes Maß aus der Zeit des Bleisatzes mit beweglichen Lettern. Die breiten und schmalen Leerräume, die Fonts und Programme zur Verfügung stellen, heißen nach wie vor Geviert, Halbgeviert und Viertelgeviert.

Unten
Die Breite des kleinen „i" ist ein Anhaltspunkt für einen guten Wortabstand. Mit zunehmender Schriftgröße muss der Wortabstand eventuell reduziert werden, so beim Satz von Displayschriften.

Sowohl beim Wort- als auch beim Buchstabenabstand sind bei zunehmender Schriftgröße sowie beim Displaysatz Korrekturen notwendig. Damit sie optisch korrekt erscheinen, müssen in der Regel beide Abstände geringfügig verkleinert werden.

Der Wortabstand kann über Ausrichtungseinstellungen angepasst werden, falls diese im Programm verfügbar sind. Andere Abstände wie Geviert- oder Halbgeviert-Leerräume können über Tastatur, Glyphenpalette oder Schriftmenü eingefügt werden. Für spezielle Anforderungen gibt es auch noch kleinere Abstände wie Drittel-, Viertel- und Sechstelgeviert.

Wörter sollten gleichmäßige Abstände haben

Wortabstand und Schriftgröße

Wortabstand und Schriftgröße

Wortabstand und Schriftgröße

„Es sollte eine oberste Regel sein, dass Gemeine nie und unter gar keinen Umständen gesperrt werden."

Jan Tschichold
Über Typographie (1952)

S&B

S&B ist die Abkürzung für Silbentrennung und Blocksatz. Mit dieser Funktion können Sie in Ihrem Layoutprogramm unter anderem festlegen, welche Größe bzw. Variationsbreite von Buchstaben- und Wortabständen für den Satz gelten soll.

Sie können außerdem angeben, ob Silbentrennungen vorgenommen werden sollen oder nicht. Viele Typografen bevorzugen eine linksbündige Ausrichtung ohne Silbentrennung. Ein besonders puristischer Ansatz für Typografie: Die Wörter bleiben ganz, und die Ränder der Absätze werden optisch ansprechender. Es gibt keine visuellen Störungen durch Trennstriche, denen das Auge in der Regel zu viel Aufmerksamkeit widmet.

Ist Silbentrennung jedoch erforderlich, ist es üblich, die Werte für diese Einstellung so zu wählen, dass in einem Absatz nicht mehr als drei Trennungen aufeinanderfolgen.

Für Buchstaben- und Wortabstand können Sie Prozentwerte für Minimum, Optimal und Maximum angeben. Achten Sie darauf, dass diese Werte nicht zu extrem gewählt werden, da selbst kleine Veränderungen großen Einfluss auf den Gesamteindruck und die Textur des Fließtextes haben.

Sogar die Zeichenbreite selbst kann verändert werden. Bei den meisten Designern ist diese Möglichkeit zwar verpönt, weil die Form der Buchstaben möglichst unangetastet bleiben soll, geringfügige Änderungen von etwa ein bis drei Prozent sind jedoch zulässig. In diesem Größenbereich sind sie so gut wie unsichtbar, können sich aber als sehr nützlich erweisen, wenn bei langen Texten oder schmalen Spalten der Platz knapp ist.

Wenn Zeilen mit Schrift zu lang oder zu kurz gesetzt werden, hat der Leser entweder Schwierigkeiten, die nächste Zeile in einem Absatz zu finden (vor allem, wenn es ein längerer Text ist), oder der Text wirkt zerrissen und unterbrochen. Beim Satz sollten Buchstabenabstand, Wortabstand und Durchschuss berücksichtigt werden. Jedes dieser Elemente beeinflusst nicht nur den Gesamteindruck eines Textes, sondern bestimmt auch, wie ein Text funktioniert.
S&B Wortabstand Opt. 100 %

Wenn Zeilen mit Schrift zu lang oder zu kurz gesetzt werden, hat der Leser entweder Schwierigkeiten, die nächste Zeile in einem Absatz zu finden (vor allem, wenn es ein längerer Text ist), oder der Text wirkt zerrissen und unterbrochen. Beim Satz sollten Buchstabenabstand, Wortabstand und Durchschuss berücksichtigt werden. Jedes dieser Elemente beeinflusst nicht nur den Gesamteindruck eines Textes, sondern bestimmt auch, wie ein Text funktioniert.
S&B Wortabstand Opt. 85 %

Wenn Zeilen mit Schrift zu lang oder zu kurz gesetzt werden, hat der Leser entweder Schwierigkeiten, die nächste Zeile in einem Absatz zu finden (vor allem, wenn es ein längerer Text ist), oder der Text wirkt zerrissen und unterbrochen. Beim Satz sollten Buchstabenabstand, Wortabstand und Durchschuss berücksichtigt werden. Jedes dieser Elemente beeinflusst nicht nur den Gesamteindruck eines Textes, sondern bestimmt auch, wie ein Text funktioniert.
S&B Wortabstand Opt. 75 %

Wenn Zeilen mit Schrift zu lang oder zu kurz gesetzt werden, hat der Leser entweder Schwierigkeiten, die nächste Zeile in einem Absatz zu finden (vor allem, wenn es ein längerer Text ist), oder der Text wirkt zerrissen und unterbrochen. Beim Satz sollten Buchstabenabstand, Wortabstand und Durchschuss berücksichtigt werden. Jedes dieser Elemente beeinflusst nicht nur den Gesamteindruck eines Textes, sondern bestimmt auch, wie ein Text funktioniert.
S&B Wortabstand Opt. 100 % und Zeichenabstand 0 %

Wenn Zeilen mit Schrift zu lang oder zu kurz gesetzt werden, hat der Leser entweder Schwierigkeiten, die nächste Zeile in einem Absatz zu finden (vor allem, wenn es ein längerer Text ist), oder der Text wirkt zerrissen und unterbrochen. Beim Satz sollten Buchstabenabstand, Wortabstand und Durchschuss berücksichtigt werden. Jedes dieser Elemente beeinflusst nicht nur den Gesamteindruck eines Textes, sondern bestimmt auch, wie ein Text funktioniert
S&B Wortabstand Opt. 85 % und Zeichenabstand Opt. -2 %

Oben
Die Funktion „Silbentrennung und Blocksatz" bietet Möglichkeiten zur Optimierung des Satzbildes. Sie können damit die Lesbarkeit von Textsatz verbessern und steuern, wie viel Raum die Schrift im Layout einnimmt.

Traditionelle Zeichenabstände

Beim Bleisatz diente als Maßstab für die Zeichenabstände das von der Schriftkegelhöhe abgeleitete Geviert bzw. Teilungen davon.

Geviert
= Kegelhöhe

Halbgeviert
= Hälfte der Kegelhöhe

Drittelgeviert
= ein Drittel der Kegelhöhe

Viertelgeviert
= ein Viertel der Kegelhöhe

Fünftelgeviert
= ein Fünftel der Kegelhöhe

Haarspatium
= etwa ein Zwölftel der Kegelhöhe

Sonderzeichen

Bei der typografischen Arbeit kommt es vor, dass Sie diakritische Zeichen oder weniger geläufige Text- oder Satzzeichen benötigen, die Sie nicht über die Standard-Tastaturbelegung eingeben können. In einem Standardfont sind diese Sonderzeichen jedoch vorhanden. Die Zeichensätze für westliche, Latein-basierte Schriften umfassen 256 Zeichen! Kaum jemand kennt alle diese Zeichen oder braucht sie regelmäßig. Jedem Zeichen ist eine Unicodenummer zugeordnet. Zwischen der Tastaturbelegung für Mac- und Windows-Systeme bestehen leichte Unterschiede, aber einige Fonts können auf beiden Plattformen verwendet werden, da der Font auf die Unicodezuordnung reagiert.

Akzentzeichen werden durch die Tastenkombination „Alt“ + Akzentzeichen gefolgt vom Buchstaben gesetzt.

Zwei Beispiele für weitere Sonderzeichen:

Œ, Unicode: U+0152,
Mac OS X bei deutscher Tastaturbelegung mittels Alt + Shift + ö = Œ

®, Unicode: U+00AE
Mac OS X bei deutscher Tastaturbelegung mittels Alt + r = ®

In manchen Programmen können die Sonderzeichen auch über eine Glyphenpalette aufgerufen werden. Mithilfe dieser Tabellen können Sonderzeichen mit Point-and-Click in den Text eingefügt werden.

Ein Standardfont, der auf einer Mac-Tastatur getippt wird, enthält folgende Zeichen:

Standard: §1234567890-= qwertyuiop[]asdfghjkl;'\`zxcvbnm,./

+ Shift: ±!@£$%^&*()_+QWERTYUIOP{}ASDFGHJKL:"|~ZXCVBNM<>?

+ Alt: ¡€#¢∞§¶•ªº–≠œ∑´®†¥¨^øϖ“‘åß∂ƒ©˙∆˚¬…æ«`Ω≈ç√∫~µ≤≥÷

+ Shift + Alt: ⁄™‹›ﬁﬂ‡°·’—±Œ„‰ÂÊÁËÈØ∏”’ÅÍÎÌÓÔÒÚÆ»ŸÛÙÇ◊ı˜¯¿

Rechts
Das Schriftmuster von Jeremy Tankards Enigma zeigt Normal, Kursiv und Kapitälchen sowie die Eszett-Ligatur und einige diakritische Zeichen.

Unten
Einige Schriften enthalten auch dekorative Sonderzeichen, sogenannte Ornamentzeichen oder Zierbuchstaben (Swashes). Die hier gezeigten Beispiele stammen aus der Aspect von Tankard.

Memorable

Vă rog arătaţi-mi pe hartă

Straße

FURNISHED ROOMS

çarşı

Ik ben de weg kwijt

swash swash
& & & &

Expertsätze und OpenType Pro Fonts

Zusätzlich zu Standardfontzeichensätzen samt Sonderzeichen sind weitere Zeichensätze verfügbar, die für komplexe Satzarbeiten nötig werden können oder wenn etwas Ungewöhnliches oder Anspruchsvolles gefragt ist.

Was digitale Fonts angeht, so waren (und sind teilweise noch) diese erweiterten Zeichensätze als „Expertsätze" erhältlich: Separate Sätze, die aber mit dem Standardsatz zusammenhingen. Ein typischer Expertsatz enthielt einen vollen Satz Ligaturen (ff, fi, ffi, fl, ffl), Mediävalziffern (Ziffern mit Ober- und Unterlängen), Kapitälchen und manchmal auch Bruchzeichen sowie zusätzliche Sonderligaturen, mathematische Symbole oder Schmuckzeichen.

Obwohl diese zusätzlichen Zeichen sehr nützlich für einen Designer sind, war ihre Verwendung in der Praxis problematisch, vor allem, wenn es um große Dokumente ging. Sie erforderte (und tut es häufig noch) eine zeitaufwendige „Suchen und Ersetzen"-Prozedur oder die Überarbeitung des Textes mit Markieren und Ersetzen.

Heute hat es der Benutzer dank Fonts im OpenType-Format einfacher. Der Schriftdesigner kann Attribute in den Font programmieren, die vom Typografen oder Grafikdesigner im Layoutprogramm aktiviert und deaktiviert werden können. Das Aktivieren bestimmter Attribute erspart das langwierige „Suchen und Ersetzen", das bei separaten Expertsätzen notwendig ist.

Wie alle Aspekte des typografischen Designs, so erfordert auch die Arbeit mit OpenType Pro Fonts Selbstbeherrschung. Nicht alle Texte erfordern zum Beispiel große Ligatursätze – doch in einigen Fällen können solche Zeichensätze genau das sein, was man braucht.

biðstöð

Aspect

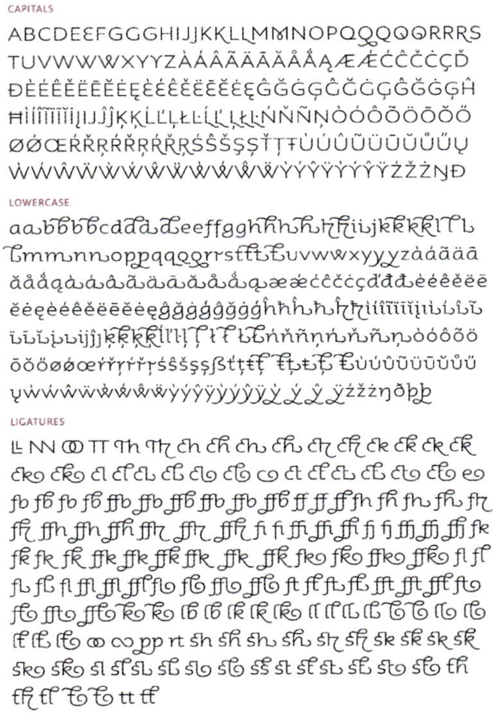

OpenType Pro Fonts

OpenType Pro Fonts basieren auf der Struktur von TrueType Fonts, enthalten aber zusätzlich „Smartfont"-Funktionen, die mehr Möglichkeiten bieten und die Arbeit mit den Fonts bzw. die Benutzerinteraktion erleichtern. OpenType Pro Fonts können TrueType- oder PostScript-Outlines enthalten.

Im Vergleich zu dem bisherigen Standardzeichensatz mit 256 Zeichen können OpenType Fonts bis zu 65 536 Zeichen enthalten. Das erlaubt eine optimale Sprachunterstützung im Unicode-System.

Für Sprachen wie Englisch und Deutsch, die auf einer einfacheren Zeichenbasis aufgebaut sind, können OpenType Fonts zahlreiche erweiterte Features und Funktionen enthalten.

Die Fonts harmonieren mit vielen Anwendungsprogrammen. Sie sind Mac- und PC-kompatibel, das heißt plattformübergreifendes Arbeiten ist möglich.

Gegenüber
Enigma mit dem Kleinbuchstaben Eth aus dem altenglischen und isländischen Alphabet.

Oben
Ein Pro Font ist reich an Zeichen und stilistischen Alternativen, wie Jeremy Tankards Aspect zeigt.

Leerraum und Abstand

Bei dieser Aufgabe sollen Sie sich mit „Kleinigkeiten" beschäftigen: Es geht um die Leerräume in und zwischen Buchstaben, um Wortabstände und um den Raum zwischen den Zeilen.

Die Aufgabe

Nehmen Sie den 100-Wörter-Text, den Sie für Aufgabe 3 geschrieben haben, und setzen Sie ihn in einem Seitenlayoutprogramm in einen Textkasten. Der Kasten soll eine Breite von 85 mm haben und so hoch sein, dass der Text vollständig sichtbar ist.

Ändern Sie den Font in Garamond 10 pt mit einem Durchschuss von 10 pt. Richten Sie anschließend den Text linksbündig aus. Diese Einstellung nehmen Sie je nach Programm über die Maß- oder die Schriftpalette vor.

Duplizieren Sie den Kasten, und platzieren Sie beiden Kästen im Abstand von 10 mm nebeneinander. Ändern Sie im zweiten Kasten den Durchschuss auf 12 pt. Wiederholen Sie diesen Vorgang noch zweimal, und vergrößern Sie den Durchschuss jeweils um 2 pt. Positionieren Sie die vier Textkästen mit unterschiedlichem Durchschuss auf einem Blatt. Notieren Sie, welche Einstellung die lesefreundlichste ist.

Experimentieren Sie analog mit dem Wortabstand und schließlich mit dem Zeichenabstand.

Notieren Sie sich jedes Mal, welche Werte die beste Lesbarkeit ergeben.

Wiederholen Sie diese Aufgabe mit verschiedenen Fonts. Es mag spannendere Beschäftigungen für einen Designer geben, aber Übungen wie diese führen dazu, dass Sie Erkenntnisse und Einsichten gewinnen und ihre Urteilsfähigkeit schulen.

Tipp

Investieren Sie Zeit in diese Übung und achten Sie auch auf kleinste Veränderungen. Je größer ein zusammengehöriges Textstück, desto bemerkbarer die Wirkung dieser vermeintlichen Kleinigkeiten.

Unten
Kleine Änderungen wirken sich deutlich auf das Satzbild von Fließtext aus. Übungen und Experimente auf diesem Gebiet geben Ihnen mehr Sicherheit im Umgang auch bei größeren Textumfängen.

Nehmen Sie den 100-Wörter-Text, den Sie für Aufgabe 3 geschrieben haben, und setzen Sie ihn in einem Seitenlayoutprogramm in einen Textkasten. Der Kasten soll eine Breite von 85 mm haben und so hoch sein, dass der Text vollständig sichtbar ist.

Ändern Sie den Font in Garamond 10 pt mit einem Durchschuss von 10 pt. Richten Sie anschließend den Text linksbündig aus. Diese Einstellung nehmen Sie je nach Programm über die Maß- oder die Schriftpalette vor.

10/10pt

Nehmen Sie den 100-Wörter-Text, den Sie für Aufgabe 3 geschrieben haben, und setzen Sie ihn in einem Seitenlayoutprogramm in einen Textkasten. Der Kasten soll eine Breite von 85 mm haben und so hoch sein, dass der Text vollständig sichtbar ist.

Ändern Sie den Font in Garamond 10 pt mit einem Durchschuss von 10 pt. Richten Sie anschließend den Text linksbündig aus. Diese Einstellung nehmen Sie je nach Programm über die Maß- oder die Schriftpalette vor.

10/12pt

Nehmen Sie den 100-Wörter-Text, den Sie für Aufgabe 3 geschrieben haben, und setzen Sie ihn in einem Seitenlayoutprogramm in einen Textkasten. Der Kasten soll eine Breite von 85 mm haben und so hoch sein, dass der Text vollständig sichtbar ist.

Ändern Sie den Font in Garamond 10 pt mit einem Durchschuss von 10 pt. Richten Sie anschließend den Text linksbündig aus. Diese Einstellung nehmen Sie je nach Programm über die Maß- oder die Schriftpalette vor.

10/14pt

Nehmen Sie den 100-Wörter-Text, den Sie für Aufgabe 3 geschrieben haben, und setzen Sie ihn in einem Seitenlayoutprogramm in einen Textkasten. Der Kasten soll eine Breite von 85 mm haben und so hoch sein, dass der Text vollständig sichtbar ist.

Ändern Sie den Font in Garamond 10 pt mit einem Durchschuss von 10 pt. Richten Sie anschließend den Text linksbündig aus. Diese Einstellung nehmen Sie je nach Programm über die Maß- oder die Schriftpalette vor.

10/16pt

Auswahl von Fonts

Wir haben bereits erwähnt, dass ein Font zur beabsichtigten Verwendung passen muss. Entscheiden Sie, ob Sie eine Textschrift oder eine Displayschrift brauchen. Denken Sie daran, dass einige Textschriften auch im Displaysatz funktionieren. Davon abgesehen, haben Sie die Wahl unter Tausenden von individuellen Displayschriften. Entscheiden Sie nach Stil und Eignung.

Bei Textschriften sind auch andere Aspekte zu bedenken: Um was für ein Produkt handelt es sich bei Ihrem Entwurf? Eine Textschrift, die traditionell für den Buchsatz entwickelt wurde, sieht in einem Magazin schnell zu formal aus. Ist die Schrift auch in kleinen Größen lesbar und leserlich?

Um ein Verständnis für Textschriften zu entwickeln, empfiehlt es sich, mit den Klassikern zu beginnen: Bembo, Caslon, Garamond, Bell, Ehrhardt, Baskerville, Plantin, Bodoni und Scotch Roman sind geeignete Kandidaten. Anschließend können Sie sich moderneren Schriften zuwenden. Qualität sollte an erster Stelle stehen. Verwenden Sie Textschriften von bekannten und etablierten Textschmieden und Schriftdesignern. Kostenlose Downloads aus dem Internet eignen sich selten für den Mengensatz.

Fonts mischen

Für die Kombination verschiedener Fonts braucht man immer einen guten Grund. Machen Sie es nicht zu kompliziert: Bleiben Sie bei einer Fontfamilie, und nutzen Sie zur Hierarchisierung die verschiedenen Schnitte Normal, Kursiv, Fett usw.

Wenn Sie einen zweiten Font brauchen, muss es einer sein, der Kontrast zum ersten schafft. Kombinieren Sie weder zwei Serifenschriften noch zwei serifenlose Schriften miteinander. Sie unterscheiden sich nicht genügend voneinander, und das Ergebnis wird wahrscheinlich wie ein Fehler aussehen. Wenn Sie mischen, dann eine Serifenschrift mit einer serifenlosen. Nur eine sehr komplexe Designaufgabe dürfte es erfordern, dass Sie mit mehr als zwei Fonts arbeiten müssen.

Es gibt zum gemeinsamen Gebrauch geschaffene Schriftgruppen, die Serifenfonts, serifenlose und serifenbetonte Fonts beinhalten. Solche Gruppen sind angebracht, wenn Sie den Kontrast der verschiedenen Schnitte zugunsten eines harmonischen Gesamteindrucks ausgleichen möchten. Es sei an dieser Stelle darauf hingewiesen, dass – vor allem in der Displaytypografie – die „Kakophonie" unterschiedlicher Fonts sehr gut funktionieren kann. Allerdings nur, wenn man sie bewusst herbeiführt und weiß, warum man ein solches Stilmittel einsetzt.

Kommunikation mit Fonts

Fonts erfüllen nicht nur Funktionen. Sie können einem Entwurf Stimme, Charakter und Klangfarbe verleihen. Selbst wenn Sie alles daransetzen, einen Entwurf so zurückhaltend wie möglich erscheinen zu lassen, werden die Fonts etwas kommunizieren und sei es Neutralität. Dieser Aspekt ist eine subjektive Angelegenheit. Die Helvetica wirkt auf manche kühl und modern, andere finden sie nur langweilig, wieder andere halten sie für präzise und technisch oder aber affektiert und stilisiert. Die Wirkung hängt vom Kontext ab, und davon, wie der Betrachter die Schrift sieht.

Für die Wahl eines Fonts sollte es immer einen Grund geben. Was soll er der Zielgruppe vermitteln? Berücksichtigen Sie Kontext und Zweck, aber vermeiden Sie Klischees. Eine Comic Sans MS passt nicht auf das Briefpapier einer Anwaltskanzlei (obwohl es so etwas mit Sicherheit gibt), und der Flyer für einen Spielenachmittag für Kinder vermittelt sicher nicht die gewollte Aussage, wenn er in der formalen, eleganten ITC Galliard gesetzt wird.

Jede Schrift hat semiotische Eigenschaften, die in der Regel mit Adjektiven beschrieben werden: ein „warmer" Font, ein „starker" Font, ein „stoischer" Font usw. Versuchen Sie, nicht nur Ihrem persönlichen Geschmack zu folgen. Die Fontauswahl sagt etwas über Sie als Designer. Sie soll der Zielgruppe aber auch etwas über Ihren Kunden sagen. Achten Sie darauf, dass Sie die gewünschte Aussage vermitteln und sich nicht nur von dem neuesten Trend mitreißen lassen.

CHARLEMAGNE
Cooper Black
ENGRAVERS MT
Eurostyle
Impact
Marker Felt
Modern no. 20
PERPETUA TITLING
Playbill
STENCIL
TRAJAN PRO
Wide Latin

Oben
Dies ist nur eine kleine Auswahl an bekannten Displayfonts. Auffallend ist, wie unterschiedlich die verschiedenen Schriftstile im Vergleich zu den auf Seite 75 vorgestellten Textschriften ausfallen.

Schriftgrößen

Gehen Sie die Schriftgrößen systematisch an. Beginnen Sie mit der Textschrift, und arbeiten Sie die verschiedenen Schriftgrößen auf der Basis dieser Schrift aus. Zur Unterscheidung von Text und Zwischentiteln ist oft gar kein Größenwechsel nötig. Häufig genügt für die Hierarchisierung ein anderer Schriftschnitt, zum Beispiel Fett.

Wenn Sie eine andere Schriftgröße verwenden wollen, sollten der Zwischentitel 2 pt größer sein. Das schafft einen ausreichenden Kontrast. Ohne gleich zu „schwer" auszusehen, unterscheiden sich die beiden Schriftgrößen deutlich genug, sodass niemand auf die Idee kommen wird, die Änderung der Schriftgröße sei ein Fehler. Gewichtung *und* Größe zu ändern, ist selten erforderlich. Aber Sie können es ausprobieren. Wenn Sie eine serifenlose Schrift und Serifenschrift auf der gleichen Zeile mischen, sollten Sie die Größen so wählen, dass die Mittellängen übereinstimmen. Denken Sie daran, bei größeren Schriftgraden ein Auge auf die Abstände zu haben. Vor allem bei Displaygrößen müssen Buchstaben- und Wortabstände reduziert werden.

Standardeinstellungen

Wenn Sie typografische Arbeiten am Computer erstellen, sollten Sie sich nie auf die Standardeinstellungen verlassen. Ihre Entscheidungen bezüglich Papierformat, Ränder, Raster, Spalten, Fonts, Schriftgrößen, Durchschuss, Zeilenlänge und Farbe sollte Sie bewusst treffen. Für viele dieser Größen und Werte gibt es Standardeinstellungen, die jedoch nicht unbedingt zu Ihrem Entwurf passen. Das müssen Sie überprüfen.

Bei typografischen Vorgaben wie den S&B-Einstellungen sind Standardwerte eine gute Ausgangsbasis. Greifen Sie hier erst ein, wenn Sie die Zeit gefunden haben, um mit diesen Optionen zu experimentieren. Mit der Zeit sollten Sie als Designer allerdings wissen, wie man mit diesen mikrotypografischen Standardeinstellungen arbeitet. Schriftstilvarianten oder Auszeichungen wie Fett oder Kursiv sollten Sie nicht über das Menü „erzwingen". Stellen Sie sicher, dass die Software den korrekten Schnitt aus der Fontfamilie einbettet.

Ausrichtung

Die linksbündige Ausrichtung hat Vorteile: Sie ermöglicht eine gleichmäßige Verteilung der Wörter, und das Auge hat eine klare optische Kante, zu der es, vor allem beim Lesen längerer Texte, zurückkehren kann. Einige Designer arbeiten prinzipiell ohne Silbentrennung, aber besonders bei langen Wörtern ist das nicht immer eine elegante Lösung. Achten Sie darauf, dass nicht mehr als drei Trennungen aufeinanderfolgen. Beim Blocksatz sind beide Textränder bündig. Wort- und Buchstabenabstand brauchen bei dieser Ausrichtung besondere Aufmerksamkeit. Da die Wörter über die Zeile verteilt werden, können im Text „Löcher" und „Gassen" entstehen. Der Blocksatz wird vor allem im Buchsatz verwendet und funktioniert dort meistens gut.

Eine rechtsbündige Ausrichtung kann für Bildunterschriften und kleine Textmengen geeignet sein, lässt sich aber bei längeren Texten schwer lesen, weil das Auge keinen festen Punkt hat, an den es zurückkehren kann. Der Mittelachsensatz, das heißt zentrierte Ausrichtung, empfiehlt sich nur für kurze Texte. Ohne einen festen Rand sind längere Texte anstrengend zu lesen.

Absatzformate

Richten Sie die Absätze innerhalb eines Textes nicht unterschiedlich aus. Wählen Sie die richtige Zeilenlänge. Bei Texten, die schnell gelesen werden sollen, wie in Zeitungen und Magazinen, sollten die Zeilen kurz sein. Wenn der Leser sich Zeit nehmen soll oder will, können die Zeilen länger sein, das gilt zum Beispiel für Bücher. Sie müssen entscheiden, ob Sie Silbentrennung verwenden wollen oder nicht. Achten Sie bei linksbündiger Ausrichtung beim Zeilenfall darauf, dass am rechten Rand keine „Treppen" entstehen; insbesondere kleine Wörter müssen unter Umständen in die nächste Zeile geschoben werden.

E puditiandae q
bus aut et exp
mint essuntiae
lecum remqui sed ul
blaut dusam quos de
ent porita quodion s
Eptis accusciis verur
anditi rehent volupt

Links
Die Initiale dieses Absatzes reicht über drei Zeilen des Grundtextes.

Auch die Absatzumbrüche sollten immer gleich aussehen. Setzen Sie vor jeden neuen Absatz eine (oder eine halbe) Leerzeile oder beginnen Sie neue Absätze mit einem Einzug. Verwenden sie Leerzeile und Einzug nicht gleichzeitig. Standardgröße für den Einzug ist das Geviert der verwendeten Schrift. Das heißt, zu einer 12 pt Textschrift passt ein 12 pt Einzug. Der erste Absatz in einem Abschnitt oder Kapitel sollte nicht eingezogen werden.

Jeweils der erste Absatz eines Kapitels oder Abschnitts kann mit einer Initiale beginnen. Meist wird der erste Buchstabe als Initial gesetzt und reicht in der Regel über drei Textzeilen (siehe Abb. Seite 159). Grundsätzlich sollten Initialen sparsam eingesetzt werden, da zu viele monoton wirken. Vorsicht: Zwei Initialen auf einer Doppelseite liest man sofort als ein Wort; vermeiden Sie ungewollt komische Kombinationen.

Wenn Sie im Spaltensatz arbeiten, sollten Sie nach Möglichkeit einen Grundlinienraster verwenden. Richten Sie die Absätze aneinander aus, und achten Sie darauf, dass die Grundlinien aller Spalten übereinstimmen.

Beseitigen Sie „Hurenkinder" und „Schusterjungen". Als Hurenkind bezeichnet der Typograf die alleinstehende Endzeile eines Absatzes am Seiten- oder Spaltenanfang, als Schusterjungen die Anfangszeile eines Absatzes am Seiten- oder Spaltenende. Beide sind überhaupt nicht gern gesehen.

Laufweite

Es kommt vor, dass Sie den Zeichenabstand abhängig vom Satz oder auch vom Stil der Schrift bearbeiten müssen. Unterschneidungen und (negatives) Spationieren sollten sparsam vorgenommen werden, können aber zuweilen notwendig sein, um die Lesbarkeit zu verbessern oder etwas mehr Platz zu schaffen. Der Abstand sollten allerdings nie so stark verändert werden, dass sich dies nachteilig auf die Anordnung der Buchstaben auswirkt, die ja Wörter bilden sollen. Bei Kleinbuchstaben sollten Sie den Zeichenabstand besser nicht vergrößern.

Bei größeren Schriftgraden ist das Bearbeiten der Laufweite an der Tagesordnung, da die Abstände umso stärker ins Auge fallen, je größer eine Schrift ist. Auch bei schweren Schriften, zum Beispiel bei fetten und schwarzen Schnitten, muss der Zeichenabstand eventuell verringert werden, um ein Gegengewicht zu den Punzen der Buchstaben zu schaffen.

Vermeiden Sie das horinzontale Skalieren von Schrift, weil diese dadurch verzerrt wird und Feinheiten verloren gehen. Wenn eine Schrift schmaler oder breiter laufen soll, ist Skalierung keine Lösung. Suchen Sie eine andere Schrift. Die Ausnahme sind kleine Änderungen – für Textschrift zwischen ein bis drei Prozent –, wenn in einer Zeile mehr Platz gebraucht wird, oder wenn dies die Lesbarkeit der Schrift in Bezug auf Buchstaben- und Wortabstand verbessert. Es gibt jedoch viele Designer, die selbst minimale Eingriffe bei der Skalierung ablehnen.

Typografische Prinzipien

Es gibt so viele Richtlinien für den Satz, dass wir an dieser Stelle nicht umfassend darauf eingehen können. Wir haben jedoch auf den folgenden Seiten einige Prinzipien für den typografischen Satz zusammengestellt, die Sie sozusagen täglich brauchen können. Auch auf diesem Gebiet werden Sie sich in dem Maße fortbilden müssen, in dem Ihre Aufgaben wachsen. Achten Sie besonders auf Satzzeichen. Vor Satzzeichen wird kein Wortabstand gesetzt; vor allem bei großen Schriftgraden muss daher spationiert werden.

Abkürzungen

Hinter Abkürzungen wird ein Punkt gesetzt. Der darauffolgende Zwischenraum sollte etwas reduziert werden:

Prof. M. Schmidt und Dr. D. Müller

Akronyme

Akronyme sind Kurzwörter, die aus den Anfangsbuchstaben mehrerer Wörter zusammengesetzt sind. Sie können mit einem Großbuchstaben am Anfang oder vollständig in Großbuchstaben geschrieben werden. Wenn Akronyme nur aus Großbuchstaben bestehen, werden im Textsatz häufig Kapitälchen verwendet.

Riba oder RIBA, nicht R.I.B.A.

An- und Abführungszeichen

Im deutschen Schriftsatz sind neben den Anführungszeichen oben und unten („ ") auch spitze Anführungszeichen (Guillemets) gebräuchlich, die gewöhnlich mit einwärts gewandter Spitze gesetztwerden (» «).

Für die wörtliche Rede oder ein Zitat werden doppelte Anführungszeichen verwendet. Bei Zitaten innerhalb wörtlicher Rede bzw. innerhalb eines Zitats setzt man einfache Anführungszeichen. Die Anführungszeichen werden ohne Zwischenraum angefügt:

„Ja, und dann sagte er zu mir ‚es ist in der Kommode', bevor er die Besinnung verlor", flüsterte er.

Satzzeichen stehen bei einem vollständigen Satz innerhalb, ansonsten außerhalb des Zitats.

Apostroph

Ein Apostroph zeigt Auslassungen von Buchstaben in einem Wort an sowie den Genitiv von Eigennamen, die auf einen S-Laut enden und keinen Artikel bei sich haben.

Wie geht's?

Sie liebte Hans' Gedichte.

Auslassungspunkte

Auslassungspunkte kennzeichnen eine Auslassung. Wenn sie für den ausgelassenen Teil eines Wortes stehen, werden sie ohne Zwischenraum davor gesetzt:

Seine letzten Worte waren: „Das Tagebuch liegt in der K..."

Wenn die Auslassungspunkte ein oder mehrere ausgelassene Wörter kennzeichnen, werden sie zu beiden Seiten mit Zwischenräumen versehen:

Dr. Müller verließ das … und kehrte erst einige Zeit später zurück.

Bruchzahlen

Wo möglich, sollten speziell geschnittene Bruchzeichen als Ergänzung zum gewählten Font verwendet werden. Eine andere Lösung ist die Darstellung von Brüchen mithilfe hoch- und tiefgestellter Ziffern in Kombination mit einem Schrägstrich, wobei alle Zeichen unterschnitten werden müssen:

$^2/_3$ *nicht* 2/3

Datum

Im deutschen Schriftsatz wird der Tag mit Ziffer und Punkt angegeben, der Monat kann ausgeschrieben oder ebenfalls mit Ziffer und Punkt angegeben werden:

16. Januar 2011
16. 1. 2011

Et-Zeichen

Das Zeichen & für „und" ist aus dem lateinischen „et" entstanden. Im Deutschen ist die Verwendung normalerweise auf Firmennamen beschränkt. Im Fließtext wird das Wort „und", wenn überhaupt, mit „u." abgekürzt. Im Displaysatz kann das Et-Zeichen verwendet werden.

Smith & Brown *nicht* Smith und Brown

Kapitälchen

Kapitälchen können zur Auszeichnung von Akronymen, Abkürzungen und Eigennamen verwendet werden. Auch weil Großbuchstaben im Textbild zu groß oder auch zu leicht wirken würden, greift man zu Kapitälchen:

Die BBC hat ihren Sitz in den USA.

Wie beim Versaliensatz muss bei Kapitälchen „ß" durch „SS" ersetzt werden.

In dramatischen Texten erscheinen die Figurennamen häufig in Kapitälchen:

DR. MÜLLER Das sagte er mir, bevor er die Besinnung verlor.

PROF. SCHMIDT Aber war das Tagebuch tatsächlich in der Kommode?

Klammern

Klammern werden ohne Wortzwischenraum zum Inhalt gesetzt. Soweit möglich, sollten die Abstände durch Unterschneiden ausgeglichen werden.

(Typografie) *nicht* (Typografie), [Typografie] *nicht* [Typografie] etc.

Ligaturen

Ligaturen sind speziell geschnittene Glyphen, die Zeichenkombinationen ersetzen. Die häufigsten sind:

ﬁ und ﬂ; manchmal sind auch ﬃ und ﬄ in Standardfonts enthalten.

Ligaturen sind in erster Linie für die Verwendung im Textsatz vorgesehen, in Displaygrößen sehen sie weniger schön aus.

In Pro Fonts sind mitunter spezielle Zeichensätze mit Ligaturen verfügbar. Zu viele Ligaturen schaden allerdings dem Satzbild. Wenn Ligaturen nicht mit Bedacht eingesetzt werden, sieht der Text schnell „gefleckt" aus.

Markenzeichen

Das ® steht für „eingetragene Marke" (Registered Trade Mark) und sollte, wie hier, in Textgröße dargestellt und nicht, wie hier®, hochgestellt werden.

Die Buchstabenkombination TM steht für Trade Mark und sollte, wie hier ™, hochgestellt werden.

Unter Umständen müssen die Zwischenräume vor und hinter diesen Zeichen angepasst werden.

Maßeinheiten und Rechenzeichen

Maßeinheiten und Rechenzeichen werden folgendermaßen gesetzt:

10 × 10 cm = 1 m

Bei Abkürzungen für Maßangaben wird kein Punkt gesetzt. Der Wortabstand zwischen den einzelnen Elementen auf der Zeile muss ggf. korrigiert werden.

NB: Verwenden Sie, soweit möglich, immer die Zeichen der mathematischen Symbolschrift. Bei Multiplikationen also das dafür vorgesehene Rechenzeichen und nicht das kleine x!

Punkt

Ein Punkt wird gesetzt, um das Satzende anzuzeigen. In typografischen Arbeiten sollte auf den Punkt grundsätzlich nur ein Leerzeichen folgen.

Striche

Bei den Strichen unterscheidet man zwischen dem

Trennstrich (Bindestrich) - und dem Halbgeviertstrich (Gedankenstrich) –.

Der Bindestrich wird bei Kopplungen und Auslassungen gesetzt. Mit ihm werden auch am Zeilenende die Wörter getrennt (Silbentrennung).

H-Milch

Im- und Export

Der Gedankenstrich wird im Fließtext zwischen zwei normale Wortzwischenräume gesetzt. Wird er als Bis-Strich verwendet, werden keine Leerzeichen gesetzt.

Dr. Müller lädt Sie – und nur Sie – zur Eröffnung ein.

Öffnungszeiten: 10–20 Uhr

Bei Strichen muss unter Umständen der Grundlinienversatz angepasst werden, wenn sie mit Kapitälchen oder Mediävalziffern arbeiten.

Unterstreichung

Unterstreichungen sollten in einer typografischen Arbeit möglichst überhaupt nicht vorkommen. Autoren und Lektoren verwenden sie im Rahmen des Korrekturdurchgangs zur Markierung von Text, der anders ausgezeichnet werden soll. Unterstreichungen kollidieren mit den Unterlängen und beeinträchtigen die Lesbarkeit.

Peggy riss erstaunt die Augen auf und plapperte dann munter drauflos. Ja, plötzlich konnte sie gar nicht genug bekommen.

Hervorhebungen sollten besser in einem anderen Schriftschnitt, zum Beispiel kursiv oder fett, gesetzt werden. Wenn etwas unbedingt unterstrichen werden muss, sollten Sie die Linie unter dem Text manuell ziehen anstatt die Unterstreichungsfunktion zu benutzen.

Die Kennzeichnung von Links mit Unterstrich ist dagegen korrekt:

www.underline.com

Zahlen und Ziffern

Es gibt zwei Arten von Ziffern:

„Versalziffern" (Tabellenziffern) und „Mediävalziffern" (Normalziffern, Old Style Figures OSF).

1234567890 1234567890

Versalziffern sind besonders geeignet für Rechnungen, Tabellen und Großbuchstabensatz (außerhalb von Tabellen müssen bei der Ziffer 1 unter Umständen die Seitenabstände angepasst werden).

In einem laufenden Text mit Groß- und Kleinschreibung sollten, wenn möglich, Mediävalziffern verwendet werden, da Versalziffern manchmal zu groß wirken.

Die Krönung fand 1910 statt *nicht*
Die Krönung fand 1910 statt

N.B.: Einige Fonts enthalten zusätzlich einen Satz Kapitälchenziffern.

Im deutschen Schriftsatz wird bei mehrstelligen Zahlen ab fünf Stellen ein kleiner Zwischenraum gesetzt.

12 345,67 Euro

Kapitel 5
Typografie und Technik heute

Typografie war immer schon untrennbar mit Technik verbunden. Das Wort „Typografie" selbst bezieht sich auf Technik: auf die „Typen", die aus Blei gegossenen Lettern des frühen Buchdrucks, auf deren Oberfläche die Form des Buchstabens saß, der mit ihnen gedruckt wurde. Heute ist das nicht anders. Wer sich Kenntnisse über Typografie aneignen will, muss sich auch mit den Grundlagen verwendeter Technologien beschäftigen.

Es ist möglich, typografische Arbeiten mit Low-Tech-Mitteln zu produzieren. Niemand wird das bestreiten. Wenn Sie jedoch eine berufliche Tätigkeit anstreben, bei der Sie typografisches Material gestalten, müssen Sie wissen, wie man einen Entwurf ausführt. Um Aufträge annehmen zu können, sollten Sie auf dem neuesten Software-Stand sein. Als Design-Student werden Sie bereits festgestellt haben, dass gute Konzepte und Ideen durch nichts zu ersetzen sind. Ihnen wird aber auch bewusst geworden sein, das gute Ideen umgesetzt werden müssen. Mehr zu dem, was die Branche in dieser Hinsicht erwartet, im diesem Kapitel.

Geeignete Software

Für Ihre typografischen Entwürfe müssen Sie entsprechende Software benutzen. Früher kannten Designer, die mit typografischem Material arbeiteten, sich nicht unbedingt mit Satzprogrammen aus. Der Designer erstellte detaillierte Spezifikationen für den Schriftsetzer. Die Technologie der Satzproduktion war häufig für Außenstehende ein Buch mit sieben Siegeln. Die Arbeit wurde von Fachkräften ausgeführt.

Mit dem Aufkommen des PCs änderte sich das. Grafikdesigner müssen heute nicht nur etwas von Gestaltung verstehen, sondern wissen, wie ein Entwurf produziert und reproduziert wird.

Layout- und Dokumenterstellungssoftware ist für typografische Arbeiten am besten geeignet. Mit solchen Programmen können genaue typografische Spezifikationen und mehrseitige Dokumente erstellt und verschiedene Arten von „verknüpften" Inhalten (Fontinformationen, Fotos und Illustrationen) zusammengefügt werden.

Fotobearbeitungsprogramme können in der Displaytypografie von Nutzen sein oder bei der Arbeit mit Schrift als Bild. Doch diese Software verwendet Pixel für die Wiedergabe des Bildes. In pixelbasierten Programmen werden durch sogenanntes Antialiasing die Kanten von Objekten durch das Auffüllen mit Pixeln geglättet und dabei verwischt. In den meisten Bereichen funktioniert das sehr gut, vor allem bei Schrift am Bildschirm. Für kleine Schrift, die gedruckt werden soll, ist dieses Verfahren jedoch nicht geeignet. Außerdem gibt es bei diesen Programmen Probleme mit der Auflösung und der Wiedergabe von Farbe/Schattierungen, wenn nicht ganz korrekt gearbeitet wird. Bestimmte Dateien dieser Programme können nach dem Speichern nicht mehr bearbeitet werden.

Illustrationssoftware eignet sich für die Produktion von Unikaten, beispielsweise Logos, oder typografischen Arbeiten mit Displaycharakter. Die Programme verwenden die Umrisse von Objekten als Bezugsquelle für die Wiedergabe. Dies hat den Vorteil, dass gespeicherte Dateien meist ohne Qualitätsverluste skalierbar und nicht von der Auflösung abhängig sind.

„Ein Bildhauer sieht bei der Arbeit nicht Hammer und Meißel, sondern nur den Stein vor sich."

Eric Gill
An Essay on Typography (1936)

Zur Bearbeitung von typografischem Material sind Foto- und Illustrationsprogramme mit Einschränkungen geeignet, sofern Sie solche Programme für den Zweck verwenden, für den sie entwickelt wurden. Textverarbeitungsprogramme sollten möglichst nicht für die Gestaltung typografischer Dokumente verwendet werden.

Es ist durchaus möglich, Dateien zu kombinieren, die mit unterschiedlichen Programmen erstellt wurden. Um auf diese Weise Arbeiten zu produzieren, die hohen Anforderungen genügen, brauchen Sie etwas Übung. Machen Sie sich zuerst mit Ihren Werkzeugen vertraut, und überlegen Sie dann, welche Werkzeuge für eine Aufgabe die richtigen sind.

Im Folgenden werden wir einige wichtige Funktionen führender Design-/Layoutprogramme vorstellen. Es handelt sich dabei nicht um die neuesten Entwicklungen, sondern um klassische Funktionen, die es seit Jahren gibt.

Diese Darstellung ist als eine Art Grundlage gedacht und soll Ihnen mehr Sicherheit im Umgang mit Software dieser Art geben. Es sind keine Regeln für den Designentwurf am Computer, eher Ratschläge für die ersten praktischen Erfahrungen.

Nicht vergessen: Das Wichtigste ist das Design. Software und Hardware sind nur Werkzeuge, die dazu verwendet werden, das Design zu schaffen.

Oben
Studentenarbeit, bei der das gewünschte Ergebnis mithilfe einer Fotobearbeitungs-, einer Illustrations- und einer Dokumentdesignsoftware erreicht wurde.

Desktop-Revolution

Die digitale oder Desktop-Revolution begann Mitte der 1980er Jahre. Schnel aufeinanderfolgende Innovationen und Produkteinführungen mündeten in der Auflösung der traditionellen Zusammenarbeit zwischen Designern, Schriftsetzern, Druckvorstufentechnikern und Druckern.

Zwischen der Einführung des Apple Macintosh 1984, des Apple LaserWriter 1985, des ersten Desktop-Druckers mit Adobe-PostScript-Technologie und Aldus PageMaker für den Mac 1985 kam es im Design zu einem Paradigmenwechsel, der scheinbar endlose Designmöglichkeiten eröffnete. Zum ersten Mal sah es so aus, als könnten Designer mithilfe dieser neuen, fachübergreifenden Produktionswerkzeuge intuitiv und völlig frei arbeiten.

Einzel- und Mehrseitendesigns

Bei der Auswahl von Software zur Erstellung von Einzelseitendesigns wie Plakaten und Großformaten muss berücksichtigt werden, welche Art von Design produziert werden soll.

Wenn Ihre typografische Arbeit exakt ausgearbeitet sein soll und Spalten und Rastersysteme einschließlich Grundlinienrastern enthält, werden Sie sehr wahrscheinlich ein Design-/Layoutprogramm verwenden. Wenn Ihr Entwurf eher bildhaften Charakter haben soll, das heißt, wenn er vor allem aus Displaytypografie besteht, können Sie auch mit Fotobearbeitungs- und Illustrationssoftware arbeiten. Schrift, die für Displaytypografie oder dekorative Zwecke umrandet werden soll, muss quasi wie eine Illustration behandelt werden. Die Dateien können gespeichert und in Design-/Layoutprogramme exportiert werden, wenn zusätzliche Typografie gebraucht wird.

Wenn Sie nur kleine Textmengen hinzufügen möchten, können Sie dafür auch Vektor-Illustrationssoftware verwenden. Wenn Sie einem Entwurf, der mit fotobasierter Software erstellt wurde und zum Druck vorgesehen ist, kleine, detailreiche Schrift hinzufügen möchten, müssen Sie das Bild speichern und in eine Design-/Layoutanwendung exportieren, um den Text hinzuzufügen.

Für mehrseitige Arbeiten sind noch einige zusätzliche Überlegungen anzustellen. Für eine Buchgestaltung ist eine Design-/Layoutanwendung die beste Lösung, da sie eine präzise, detaillierte Bearbeitung der Typografie erlaubt. Mit einer solchen Anwendung können auch Bilder und Illustrationen platziert oder verknüpft werden.

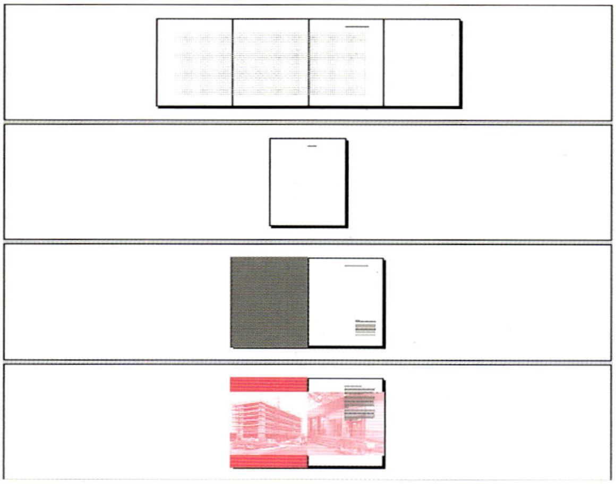

Unten
Die Seitenanordnung einer Drucksache kann den Ausschlag für eine Software geben.

Gegenüber oben
Modularer Raster in einer Mustervorlage

Gegenüber unten
Mustervorlage A-Master wird auf Dokumentseiten angewendet

Musterseiten und Hilfslinien

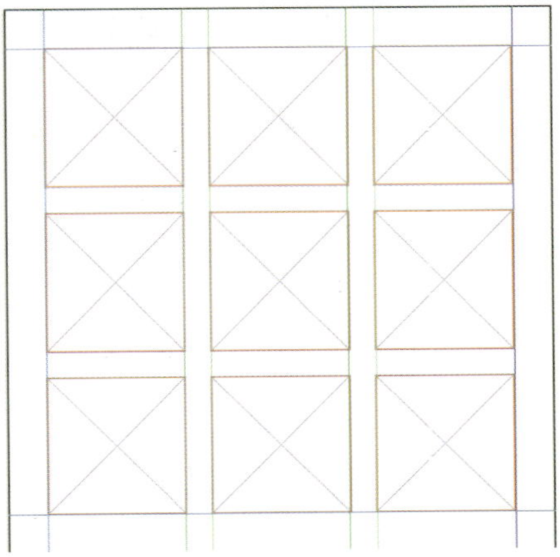

Über Musterseiten können Designer in Design-/Layoutprogrammen bestimmte Attribute für eine Seite oder eine Gruppe von Seiten festlegen. Das ist besonders praktisch, wenn Sie mit Dokumenten arbeiten, die mehrere Seiten und Raster haben. Musterseiten werden als virtuelle Vorlagen zur Bearbeitung von Dokumentseiten erstellt. Anschließend können Elemente in diesen Seiten bearbeitet und geändert werden. Generelle Änderungen für bereits definierte Seiten können ebenfalls über die Musterseite durchgeführt werden.

Eine Musterseite kann alle möglichen Elemente enthalten: Text, Bilder, grafische Details, Kolumnentitel oder Seitenzahlen. Auch die automatische Seitennummerierung kann über die Musterseite vorgenommen werden. Mit den neuesten Softwareversionen können inzwischen auch unterschiedliche Seitengrößen für verschiedene Seiten in einem Dokument erstellt werden und zusätzlich noch als Musterseiten mit unterschiedlichen Seitengrößen festgelegt werden. Diese Funktion erleichtert im Bedarfsfall die Reinzeichnung bzw. Druckvorlagenherstellung.

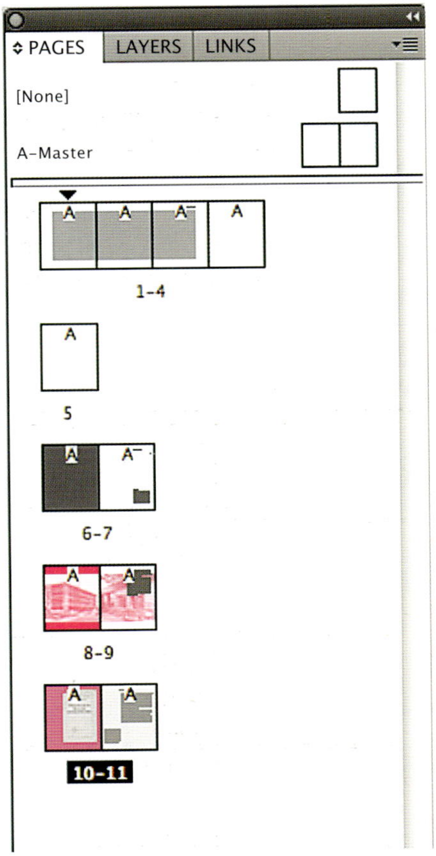

Viele Raster, Spalten und Hilfslinien können automatisch erstellt werden. Statt jede Linie einzeln zu zeichnen, werden dazu Maße und deren Vielfache eingegeben.

Zur Erinnerung: Ein Raster sollte als Hilfsmittel verwendet werden, nicht als „Zwangsjacke" für ein Design.

Formatvorlagen

Wie wir in Kapitel 3 gesehen haben, erfordert typografisches Design zuweilen eine Hierarchisierung des Materials. Nachdem Sie ausgearbeitet (und getestet) haben, welche Fonts den unterschiedlichen Ordnungsebenen zugewiesen werden sollen, bieten Ihnen Design-/Layoutprogramme die Möglichkeit, Formatvorlagen zu erstellen.

Typografische Formate können auf Zeichenebene oder Absatzebene erstellt werden und erlauben die Definition von Werten für Schriftart, Schriftgröße, Durchschuss, Farbe, Silbentrennung und Blocksatz, Ausrichtung, Einzüge, Linien usw.

Formatvorlagen können zahlreiche Funktionen und Attribute enthalten, die bereits auf den Text angewendet wurden. In einem gespeicherten Format können die Attribute über die Dialogeingabe geändert werden, sodass eine Änderung für ein Format generell durchgeführt werden kann. Ein Text wird formatiert, indem er markiert und das Format auf ihn angewendet wird.

Formatvorlagen verbessern Genauigkeit und Effizienz ihrer typografischen Spezifikationen. Bei größeren Projekten erspart Ihnen die Verwendung von Formatvorlagen viele Stunden Arbeit.

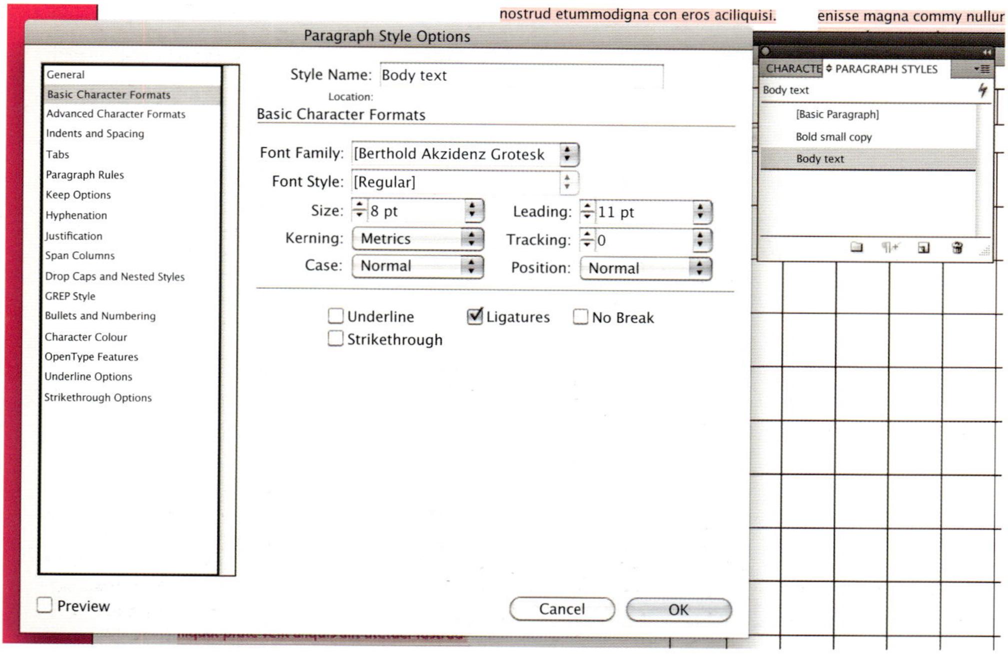

Original- und Ausgabedateien

Bei Typografie, die mit Software erstellt wurde, müssen für die Produktion die Fonts unter Umständen in Pfade umgewandelt werden. Danach können Sie den Text nicht mehr bearbeiten wie vorher. Bevor Sie Schrift in Pfade umwandeln, sollten Sie deshalb eine Kopie der Datei im Zustand vor der Konvertierung anlegen, die bei Bedarf problemlos bearbeitet werden kann. Text muss unter Umständen auch dann in Pfade umgewandelt werden, wenn komplizierter Fremdsprachensatz oder spezielle Fonts beim Drucker Probleme verursachen. Achten Sie stets darauf, von allen Ihren Arbeiten editierbare Versionen abzuspeichern.

Sie sollten Ihren Entwurf in den verschiedenen Phasen des Designprozesses von Zeit zu Zeit ausdrucken, um zu sehen, wie sich Änderungen auswirken. Machen Sie es sich darüber hinaus zur Gewohnheit, der Druckvorlage, die Sie abgeben, Ausdrucke des fertigen Entwurfs beizulegen.

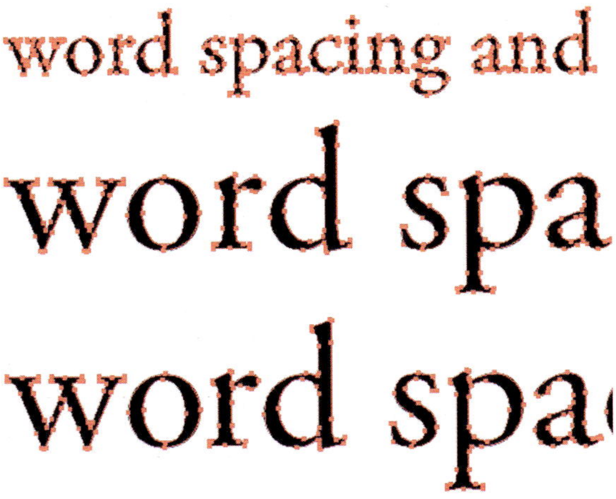

Gegenüber
Formatvorlagen verbessern Genauigkeit und Effizienz, sodass mehr Zeit für kreative Arbeit bleibt.

Oben
Die Studentenarbeit zeigt komplexen Textsatz im Informationsdesign. Je nachdem, auf welchem Ausgabegerät gedruckt wird, können Textverschiebungen auftreten, weshalb die Textpositionierung unter Umständen noch einmal korrigiert werden muss.

Links
Wenn Text in Pfade umgewandelt wurde, kann er nicht mehr bearbeitet werden. Bewahren Sie immer eine editierbare Version Ihrer Arbeit auf.

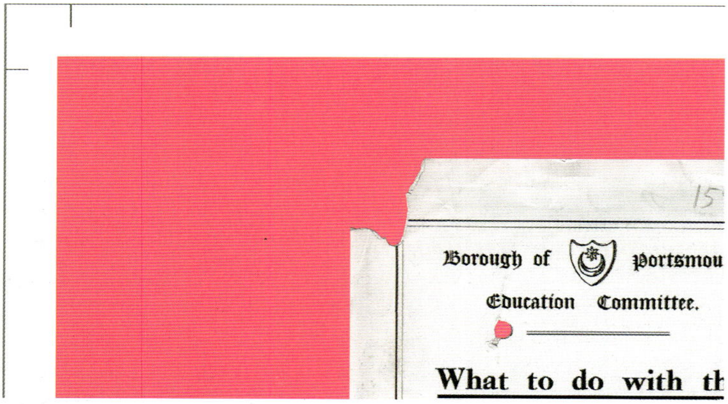

Unten
Schnitt- und Beschnittzugabemarken sind Informationen, die zum Druck benötigt werden.

Gegenüber
Sie können nicht erwarten, dass das, was aus der Druckerei kommt, so aussieht wie die Ausdrucke, die Sie selbst angefertigt haben. Lernen Sie einzuschätzen, welche Leistung Sie von Ihrem Desktopdrucker erwarten können.

Portierbare Dokumentdateien

Dateien in einem Portable Document Format wie beispielsweise PDFs können plattformübergreifend angezeigt und ausgegeben werden. Sie sind eine Möglichkeit, eine fertige Arbeit zum Druck zu übergeben. In der Regel werden die Dateien dazu aus der Originalsoftware „exportiert". Einige Programme bieten jedoch eine „Speichern als"-Funktion, sodass diese Dateien im Programm als editierbare Dateien wieder aufgerufen werden können.

Was die Bearbeitung von Fonts in PDFs angeht, so müssen diese nicht unbedingt in Pfade umgewandelt werden, da die Fontdaten abhängig von den verwendeten Einstellungen in die PDF eingebettet werden können.

Das ist ausgesprochen bequem, da der Empfänger den Font, den Sie für die Erstellung des Entwurfs benutzt haben, nicht selbst haben muss, um die Datei anzuzeigen oder ausdrucken. Abhängig von der Art der Drucksache müssen Sie bei der Ausgabe des Entwurfs darauf achten, dass Bildgröße (dpi), Farbraum, Schnitt- und Beschnittzugabemarken angegeben sind. Nützliche Hinweise für die Erstellung kompatibler PDF-Dateien finden Sie auf der Website Pass4Press.

„Für mich ist Typografie eine Dreiecksbeziehung zwischen Designidee, typografischen Elementen und Druckverfahren."

Wolfgang Weingart

Ausdrucke

Wenn wir am Computer arbeiten, neigen wir dazu, die Wiedergabe auf dem Monitor für verlässlich zu halten. Auch mit dem Ausdruck auf unserem Desktopdrucker sind wir vielleicht zufrieden. Doch wenn Sie typografisches Design für den Druck produzieren, müssen viele Details dahingehend kontrolliert werden, ob sie auch bei einer Ausgabe in hoher Auflösung ein optimales Druckergebnis gewährleisten. Bilder, Farben, Fonts, Format, Schnitt- und Beschnittzugabemarken müssen überprüft und getestet werden. Eventuell müssen Farbauszüge gedruckt werden, um sicherzustellen, dass die Dateien sich wie vorgesehen verhalten. Eines der häufigsten Probleme sind Unterschiede in der „typografischen Farbe" und im „Gewicht" der Textschrift beim Druck auf dem eigenen Desktopdrucker und in der Offsetdruckerei.

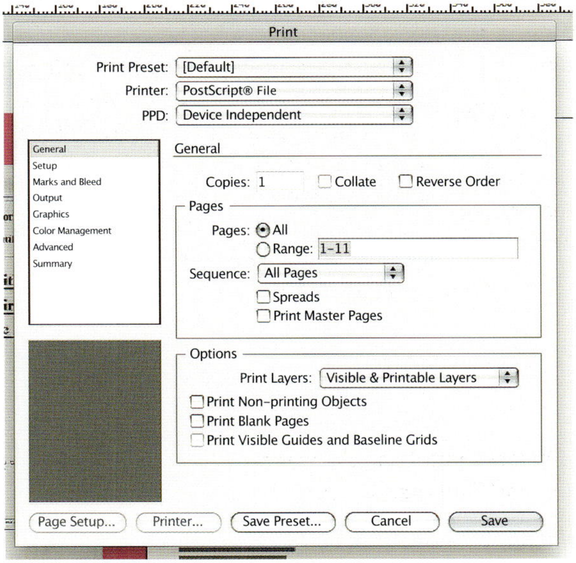

Desktopdrucker liefern in der Regel keine farbeverbindliche Ansicht Ihres Entwurfs. Testen Sie Ihren Drucker mit Dateien in unterschiedlicher Auflösung, und vergleichen Sie die Ausdrucke eines Laserdruckers mit denen eines Tintenstrahldruckers. Wenn Sie eine Textschrift testen und ein Gefühl dafür bekommen wollen, wie ein Text im Offsetdruck aussehen wird, empfiehlt es sich, nur mit schwarzem Toner und mit einer Auflösung von 2400 dpi oder mehr zu drucken. Einige Desktopdrucker arbeiten mit Software, die Fontdaten interpoliert, um das bestmögliche Ergebnis zu erzielen – das allerdings nicht unbedingt mit der Interpretation der Daten in der Produktion übereinstimmen muss! Diesen Bereich dürfen Sie bei der Druckvorlagenherstellung auf keinen Fall vernachlässigen. Das ist Teil Ihres Jobs.

Fazit

Dieses Buch behandelt einige Grundlagen, die Sie bei Ihren ersten Arbeiten mit Schrift kennen sollten. Es soll Sie aber auch dazu anregen, sich Gedanken darüber zu machen, wie Sie Ihr typografisches Verständnis in Zukunft weiter ausbilden können.

Wie auf so vielen Gebieten, werden Sie auch in der Typografie vor allem durch Erfahrung und Übung lernen. Einiges von dem, was in diesem Buch behandelt wird, werden Sie jedoch ganz unmittelbar in typografische Praxis umsetzen können.

Es braucht Zeit, bis man Typografie beherrscht. Und selbst dann gibt es immer noch etwas, das man dazulernen oder verbessern kann. In gewisser Hinsicht macht das sogar den Reiz – und zuweilen auch den Zwang – für all jene aus, die sich mit Typografie beschäftigen. Es ist ein extrem wichtiges und äußerst komplexes Fachgebiet.

Typografie gibt einem Text eine Stimme oder einen Akzent; sie bestimmt, wie ein Text transportiert wird. Die visuelle Kommunikation von Sprache wird durch Typografie greifbar. Allein durch die Auswahl des Fonts verändern wir unter Umständen die Art, in der der Leser einen typografisch gesetzten Text wahrnehmen wird.

Wer im Kommunikationsdesign arbeitet, muss wissen, wie er Typografie einsetzt. Zwar ist der Inhalt das Entscheidende, doch die Wirkung und Funktion von Typografie als Werkzeug für Kommunikation darf auf keinen Fall vernachlässigt oder unterschätzt werden.

Wir haben uns in diesem Buch vor allem den praktischen Aspekten der Typografie gewidmet. Eine ganze Fülle an Wissen über typografische Geschichte, Praxis und Technologien, musste unberücksichtigt bleiben. Kein einzelnes Buch könnte sie fassen.

Wenn Sie die einzelnen Kapitel aufmerksam durchgearbeitet haben und damit anfangen, zumindest einen Teil des Gelesenen in die Praxis umzusetzen, werden Sie sich, so hoffen wir jedenfalls, auf eine faszinierende typografische Reise machen, die viele Überraschungen bereithält und Sie viele Jahre lang in Atem halten und sogar unterhalten wird!

ijk

ln

opq

v

Zum Weiterlesen

Baines, Phil und Andrew Haslam, *Lust auf Schrift: Basiswissen Typografie,* Mainz 2002

Baudin, Fernand, *How Typography Works (and why it is still important),* London 1989

Binns, Betty, *Better Type,* New York 1989

Bringhurst, Robert, *The Elements of Typographic Style.* Point Roberts 2004

Friedl, Friedrich, *Typographie: Wann, wer, wie,* Köln 1998

Gray, Nicolete und Ray Nash, *Nineteenth Century Ornamented Typefaces,* Neuauflage, London 1976

Hochuli, Jost, *Das Detail in der Typografie,* Sulgen 2005

Hochuli, Jost und Robin Kinross, *Bücher machen: Praxis und Theorie,* St. Gallen 1996

Jardí, Enric, *Twenty-two Tips on Typography,* Barcelona 2007

Jaspert W. P., W. T. Berry und A. F. Johnson, *Encyclopaedia of Typefaces,* überarbeitete Auflage, London 1983

Johnson, A. F., *Type Designs,* 3. überarbeitete Auflage, London 1966

Kinross Robin *Modern Typography: An essay in critical history,* London 2008

Lupton, Ellen, *Mit Schrift denken,* New York 2007

McLean, Ruari, *The Thames & Hudson Manual of Typography,* London, 1980

Müller-Brockmann, Josef, *Rastersysteme für die visuelle Gestaltung,* Sulgen 2009

Rafaeli, Ari, *Book Typography,* Delaware und London 2006

Ruder, Emil, *Typographie,* 7. Auflage, Sulgen 2001

Spencer, H., *Pioniere der modernen Typografie,* München, Wien, Zürich 1970

Spiekermann, Erik, *ÜberSchrift*, Mainz 2004

Steer, Vincent *Printing Design and Layout: The Manual for Printers, Typographers and all Designers and Users of Printing and Advertising*, London 1934

Steinberg, Sigfrid H., *Die schwarze Kunst: 500 Jahre Buchwesen*, 3. neu-durchgesehen Auflage, München 1988

Sutton, James und Alan Bartram, *An Atlas of Typeforms*, Ware 1988

Tracy, Walter, *Letters of Credit: A View of Type Design*, London 1986

Tschichold, Jan, *Ausgewählte Aufsätze über Fragen der Gestalt des Buchs und der Typographie*, 2. Auflage, Basel 1987

Tschichold, Jan, *Die Neue Typographie*, Berlin 1987

Tschichold, Jan, *Meisterbuch der Schrift*, Leipzig 1999

Updike, Daniel Berkeley, *Printing Types, Their History, Forms and Use – A Study in Survivals*, 2. Auflage, London 1937

VanderLans, Rudy, Zuzana Licko und M. E. Gray, *Emigre: Graphic Design into the Digital Realm*, 2. Auflage, London 1993

Absatzlinien

Typografische Linien, die in der Regel über und/oder unter Absätzen gesetzt werden.

Aufzählungszeichen

Spiegelstrich oder Punkt am Anfang einer Zeile, der anzeigt, dass es sich um einzelne Einträge einer zusammenhängenden Liste handelt.

Auslassungspunkte

Eigenständiges, aus drei Punkten bestehendes Satzzeichen, das Auslassungen anzeigt. Auch Ellipsenzeichen oder Dreifachpunkt genannt.

Ausrichtung

Die Positionierung von Text innerhalb der Seitenränder. Gängige Ausrichtungen sind linksbündig, rechtsbündig, zentriert oder Blocksatz.

Blocksatz

Satzart, bei der ein Text links und rechts bündig ausgerichtet wird, also die volle Zeilenbreite ausfüllt. Blocksatz wird häufig im Buchsatz für Lesebücher etc. verwendet. Für ein sauberes Satzbild müssen beim Blocksatz die Wortabstände sorgfältig ausgeglichen werden.

Buchstabenabstand

Der Raum zwischen den Buchstaben einer Schrift. Das Bearbeiten der Buchstabenabstände nennt man Kerning, Unterschneiden, Spationieren.

Displayschrift

Schrift, die speziell zur Verwendung in großen Schriftgraden gestaltet wurde. Displayschriften weisen häufig Details oder Schmuckelemente auf, die in kleinen Schriftgrößen schlecht erkennbar wären.

dpi

dots per inch (Punkte pro Zoll). Maßeinheit für die Qualität der Auflösung. Als Faustregel gilt: 300 dpi für den Druck und 72 dpi (in einigen Fällen 96) für den Bildschirm.

Durchschuss

Zeilenzwischenraum. Beim Bleisatz wurden Metallstreifen zwischen die Zeilen geschoben bzw. geschossen, um den Abstand zwischen ihnen zu vergrößern. Bei Digitalschriften ist das Maß bzw. der Abstand zwischen den Grundlinien im Schriftsatz gemeint.

Einzug

Einrücken der ersten Zeile eines Absatzes. Geht die erste Zeile eines Absatzes über den linken Rand hinaus und ist länger als die nachfolgenden Zeilen, spricht man von einem hängenden Einzug, auch negativer Einzug oder Ausrücken genannt.

Farbe, typografische

Die wahrgenommene Schwärze bzw. der Gesamteindruck eines Textblocks. Eine Veränderung der typografischen Farbe kann durch Änderungen am Durchschuss sowie der Buchstaben- und Wortabstände erzielt werden.

Flattersatz

Text, bei dem die Zeilen ungleichmäßig auslaufen. In der Regel stehen die Zeilenanfänge linksbündig.

Fließtext

Haupttextmenge in einer Drucksache, die in der Regel in kleinen Schriftgrößen wie 10, 11 oder 12 pt gesetzt wird. Auch Mengentext genannt.

Font

Englische Bezeichnung für Schrift, häufig speziell ein digitaler Zeichensatz.

Geviert

Typografische Bezugsgröße. Im Bleisatz entspricht ein Geviert der Kegelbreite des Großbuchstabens M in der jeweiligen Schrift- und Punktgröße. Vereinfacht ausgedrückt entspricht das der verwendeten Punktgröße. Ein Beispiel: Bei einer 12-pt-Schrift ist das Geviert 12 Punkt groß.

Geviertstrich

Der Geviertstrich wird im deutschen Schriftsatz als Schmuckelement oder als Platzhalter für Ziffern in Tabellen verwendet. Auch langer Gedankenstrich genannt.

Glyphe

Ein einzelnes Zeichen innerhalb eines Fonts, beispielsweise ein Buchstabe, ein Satzzeichen, eine Ziffer oder ein Sonderzeichen.

Grundlinie

Gedachte Linie, auf der die Buchstaben einer Schrift sitzen.

Halbgeviert

Typografische Bezugsgröße. Das Halbgeviert entspricht der Kegelbreite des Großbuchstabens N. Es ist halb so breit wie ein Geviert.

Halbgeviertstrich

Auch (kurzer) Gedankenstrich genannt. Der Halbgeviertstrich wird verwendet, um einen Einschub oder eine Unterbrechung im Satz zu kennzeichnen. Bei der Verwendung in Fließtext sollte links und rechts vom Halbgeviertstrich ein Leerzeichen gesetzt werden. Bei der Verwendung als Bis-Strich zwischen Ziffern (zum Beispiel Jahresangaben) sollte kein Leerzeichen zu beiden Seiten des Halbgeviertstrichs gesetzt werden, eventuell muss jedoch ein kleiner Zwischenraum gesetzt werden.

Initiale

Der erste Buchstabe eines Absatzes wird in einer größeren Punktgröße gesetzt und an der Grundlinie der ersten Textzeile ausgerichtet. Auch Schmuckbuchstabe oder Ziermajuskel genannt.

Initiale, eingebaute

Erster Buchstabe eines Absatzes, der in einer größeren Punktgröße gesetzt ist, an der Oberlänge der ersten Zeile ausgerichtet wird und über mehrere Schriftzeilen reicht. Eine über drei Zeilen laufende eingebaute Initiale gilt als ideal.

invers

Druckgestaltung, bei der der Text als weiße oder helle Aussparung vor einem schwarzen oder dunklen Hintergrund dargestellt wird.

Kerning

Ausgleich des horizontalen Abstands zwischen einzelnen Buchstabenkombinationen im Schriftsatz.

kompress

Ohne Durchschuss gesetzt.

kursiv

Schräg laufender, schreibschriftähnlicher Schriftschnitt.

Ligatur

Zwei oder mehr Buchstaben, die für eine bessere Lesbarkeit zu einer Drucktype verbunden werden, zum Beispiel fi, fl, ffi, ffl etc. Nicht zu verwechseln mit Diphthongen, bei denen zwei Laute zu einem neuen verschmelzen.

linksbündig

Ausrichtung eines Textes an einer linken Achse. Manchmal auch „rechts flatternd" genannt.

Mittellänge

Auch x-Höhe genannt. Traditionell die Höhe des Kleinbuchstabens x, aber auch die reguläre Höhe der anderen Kleinbuchstaben, ohne Ober- und Unterlängen. Bei gleicher Punktgröße können die Mittellängen verschiedener Schrift erheblich variieren.

Oberlänge

Der obere Teil eines Kleinbuchstabens, der über die Mittellänge hinausragt.

oblique

Künstlich schräg gestellter Schnitt einer Schrift, kein „echter" Kursivschnitt.

OpenType

Schriftformat, mit dem größere Zeichensätze und die plattformübergreifende Verwendung möglich sind.

Pica

Typografische Maßeinheit, die 12 pt entspricht. Etwa 4,24 mm oder 1/6 Zoll.

Punkt

Typografische Maßeinheit: 72 pt entspricht etwa einem Zoll.

Punktgröße

Maßeinheit, mit der Schriftgrößen angegeben werden. Entspricht häufig der Kegelhöhe der Buchstaben.

Rand

Raum um den Text-/Bildbereich auf einer gestalteten Druckseite.

rechtsbündig

Ausrichtung eines Textes an einer rechten Achse. Manchmal auch „links flatternd" genannt.

Roman

Der aufrechte Normalschnitt einer Schrift.

Schriftbreite

Breite eines Buchstabens, auch Dickte genannt. Klassifizierungsmerkmal für die verschiedenen Schnitte einer Schrift.

Schriftfamilie

Gruppe zusammenhängender Schriften, deren Schnitte gemeinsame Merkmale aufweisen.

Schriftgewicht

Auch Schriftstärke genannt. Das Gewicht einer Schrift gibt an, wie fett oder schwarz diese wirkt. Es wird zur Klassifizierung der verschiedenen Schriftschnitte verwendet. Schriftgewichte sind u. a. leicht, fett, extrafett oder black/schwarz.

Schriftschnitt

Auch Schriftstil genannt. Variationen einer Schrift, für die u. a. Schriftbreite, -gewicht und -lage verändert werden, beispielsweise kursiv, normal, fett oder Kapitälchen.

Schriftzeichen

Buchstaben, Ziffern und Sonderzeichen, aus denen der Schriftentwurf besteht. Eine Schrift ist häufig Teil einer größeren Schriftfamilie.

serifenlos

Schrift ohne Serifen.

Serifen

End-, An- und Abstriche von Buchstaben.

Spationierung

Vergrößerung der Buchstabenabstände in einer Zeile, einem Absatz oder einem kompletten Textblock. Auch Laufweitenveränderung genannt. Beim negativen Spationieren werden die Abstände verringert.

Sonderzeichen

Sammelbezeichnung für alle nicht-alphanumerischen Zeichen.

Unterlänge

Der Teil eines Kleinbuchstabens, der nach unten über die Grundlinie hinausragt.

Versalhöhe

Die Höhe von Großbuchstaben, gemessen ab der Grundlinie bis zur Oberkante des Buchstabens.

Weißraum

Wichtiger Aspekt beim Gestalten von typografischem und grafischem Material. Mit Weißraum ist die Fläche eines Layouts gemeint, die absichtlich weder Text- noch Bildmaterial enthält, also unbedruckt bleibt. Weißraum sorgt für Struktur, Ausgewogenheit und visuelle Ruhe im Satz.

Wortabstand

Durchschnittlicher Abstand zwischen Wörtern. Der Wortabstand entspricht häufig der ungefähren Breite des kleinen „i".

Register

Kursive Seitenangaben verweisen auf Illustrationen.

Dank und Bildnachweis

Dieses Buch ist meiner Frau Lynne und meiner Tochter Georgie gewidmet.

Ich möchte mich bei allen bedanken, die mir gestattet haben, ihre Arbeiten in diesem Buch zu zeigen.

Dank gilt auch folgenden ehemaligen Studenten, deren Arbeiten gezeigt wurden: Charlotte Eason (S. 17), Tim Hampson (S. 109), Zhi Long Huang (S. 159), Poppy Hurst (S. 50–51) und Jodie Silsby (S. 163).

Besonderer Dank an Daniel Alexander für die Fotos von Werkzeugen und einer Druckerei.

Bei meiner Lektorin Colette Meacher bedanke ich mich für ihre Unterstützung, ihr Verständnis und ihre Geduld.

Vielen Dank an

Ben Parker, MadeThought
Catherine Dixon
Gerard Unger
Hamish Muir, 8vo
Henrik Kubel, A2 Graphics
Huang Zilhong
Ian Cartlidge, Cartlidge Levene Ltd.
Jeremy Tankard, Jeremy Tankard Photography
Nick Bell, Nick Bell Design
Paulus M. Dreibholz, Atelier for Typography and Graphic Design
Phil Baines
Why Not Associates

Foto auf S. 15 von Marcus Ginns
Foto auf S. 115 von Sue O'Brien

ETHIK
IN DER ARBEITSWELT

Lynne Elvins
Naomi Goulder

Vorbemerkung des Verlags

Das Thema Ethik ist natürlich nicht neu. Doch die Beschäftigung damit in den angewandten visuellen Künsten ist vielleicht noch nicht so weit verbreitet, wie es wünschenswert wäre. Mit diesem Buch möchten wir einer neuen Generation von Studenten, Dozenten und Praktikern eine Methode an die Hand geben, um ihre Gedanken und Überlegungen zu diesem wichtigen Thema zu strukturieren.

Die Verlage AVA und Stiebner möchten mit diesen Seiten über **Ethik in der Arbeitswelt** einen Anstoß für weitere Überlegungen geben und darüber hinaus eine flexible Integration ethischer Richtlinien in die Arbeit von Dozenten, Studenten und Praktikern erreichen. Wir haben das in vier Abschnitte gefasst:

Die **Einführung** bietet eine leicht verständliche Momentaufnahme der Ethik sowohl in historischer Hinsicht wie in den aktuell diskutierten Themen.

Die **grundsätzlichen Überlegungen** diskutieren ethische Fragen anhand von vier Aspekten, die Ihre Arbeit betreffen und die praktischen Auswirkungen dieser betrachten. Indem Sie Ihre Antworten auf den farbigen Skalen am unteren Seitenende eintragen, lassen sich diese durch Vergleiche weiter hinterfragen.

Die **Fallstudie** beschreibt ein Projekt aus der Praxis und stellt anschließend Fragen, die zum Weiterdenken anregen sollen. Sie ist eher als Ausgangspunkt für eine Diskussion gedacht denn als eine kritische Analyse. Daher gibt es hier keine vordefinierten richtigen oder falschen Antworten.

Eine Auswahl **weiterführender Literatur** ermöglicht Ihnen eine tiefer gehende Auseinandersetzung mit den Themen, die für Sie von besonderem Interesse sind.

Ethik ist ein komplexes Thema, bei dem die Idee der Verantwortung gegenüber der Gesellschaft und Überlegungen zu Charakter und Glück des Individuums ineinandergreifen. Das betrifft Wertvorstellungen wie Empathie, Loyalität und Stärke, hat aber auch mit Vertrauen, Vorstellungskraft, Humor und Optimismus zu tun. Schon in der Philosophie des antiken Griechenlands lautete die fundamentale ethische Frage: Was soll ich tun? Die Frage danach, wie wir ein „gutes" Leben führen können, wirft nicht nur moralische Überlegungen hinsichtlich der Auswirkung unserer Handlungen auf andere auf, sondern auch persönliche Bedenken bezüglich unserer eigenen Integrität.

Heutzutage sind die wichtigsten und umstrittensten ethischen Fragen solche bezüglich der Moral. Angesichts wachsender Bevölkerungszahlen und Fortschritten in Mobilität und Kommunikation erscheint es kaum verwunderlich, dass die Überlegung, wie wir unser Zusammenleben auf der Erde strukturieren können, immer mehr an Bedeutung gewinnt. Für Künstler und Designer in der visuellen Kommunikation sollte es keine Überraschung sein, dass derartige Erwägungen zunehmend in den kreativen Prozess einfließen.

Einige ethische Überlegungen haben bereits Eingang in Rechtsgrundlagen und gesetzliche Richtlinien oder Verhaltenskodizes einiger Berufsgruppen gefunden. Diebstahl geistigen Eigentums und Verstöße gegen die Geheimhaltungspflicht etwa können strafbare Handlungen sein. In vielen Ländern ist es rechtswidrig, Menschen mit einer Behinderung den Zugang zu Informationen oder Orten zu verwehren. Der Elfenbeinhandel wurde inzwischen in vielen Ländern verboten. In diesen Fällen wurde eine klare Linie gezogen, was akzeptabel ist und was nicht.

Doch die meisten ethischen Fragen sind nicht abschließend beantwortet und werden unter Experten und Laien gleichermaßen diskutiert. Letztlich müssen wir alle auf der Grundlage unserer eigenen Prinzipien oder Wertvorstellungen selbst entscheiden. Ist es ethischer, für eine gemeinnützige Organisation zu arbeiten statt für ein kommerzielles Unternehmen? Ist es unethisch, etwas zu kreieren, was andere als hässlich oder beleidigend ansehen?

Solche konkreten Fragen können zu anderen, abstrakteren führen. Ein Beispiel: Sind für die Auswirkungen unserer Handlungen nur die Menschen (und das, was ihnen wichtig ist) mit einzubeziehen oder müssen wir uns auch mit den Folgen für die Umwelt auseinandersetzen?

Ist es berechtigt, auf ethische Konsequenzen hinzuweisen, wenn ein ethisches Ziel Opfer erfordert? Muss es eine einzige, übergreifende ethische Theorie geben (wie etwa die utilitaristische These, dass die richtige Handlung immer diejenige ist, die zum größten Maß an Glück bei der größten Anzahl an Menschen führt) oder existieren verschiedene ethische Werte, die uns Menschen zwischen ganz gegensätzlichen Richtungen hin und her reißen?

Wenn wir solche Fälle ethischen Dilemmas sowohl auf persönlicher als auch auf professioneller Ebene diskutieren und durchdenken, führt dies unter Umständen dazu, dass wir unsere Meinung allgemein und speziell unsere Meinung über andere ändern. Die wahre Prüfung jedoch ist die, ob wir, während wir über solche Fragen nachdenken, unser Handeln ebenso ändern wie unser Denken. Sokrates, der „Vater" der Philosophie, war der Meinung, dass die Menschen von sich aus „gut" handeln, wenn sie wissen, was richtig ist. Aber das führt uns vielleicht nur zur nächsten Frage: Wie wissen wir, was richtig ist?

Sie selbst

Was sind Ihre ethischen Grundsätze?

Im Mittelpunkt Ihres Handelns steht Ihre Einstellung gegenüber den Menschen und den Sachverhalten, die Sie betreffen. Bei manchen Menschen fließen die ethischen Grundsätze maßgeblich in die Entscheidungen ein, die sie täglich als Verbraucher, Wähler oder Berufstätige treffen. Andere machen sich vielleicht weniger Gedanken über Ethik, und doch bedeutet das nicht automatisch, dass sie unethisch handeln. Ihr ethischer Standpunkt kann von persönlichen Einstellungen, Lebensstil, Politik, Nationalität, Religion, Geschlecht, Gesellschaftsschicht oder Bildungsniveau beeinflusst werden.

Wo auf der Skala würden Sie sich platzieren? Was berücksichtigen Sie, wenn Sie eine Entscheidung treffen? Vergleichen Sie Ihre Ergebnisse mit denen Ihrer Freunde und Kollegen.

01 02 03 04 05 06 07 08 09 10

Ihre Kunden

Wie sehen Ihre Bedingungen aus?

Funktionierende Beziehungen sind von zentraler Bedeutung, wenn es darum geht, ethische Grundsätze in einem Projekt zu berücksichtigen, und mit Ihrem tagtäglichen Verhalten stellen Sie Ihr Berufsethos unter Beweis. Die folgenreichste Entscheidung ist die, mit wem wir zusammenarbeiten. Zigarettenhersteller oder Waffenhändler sind oft genannte Beispiele, wenn man diskutiert, wo man eine Grenze zieht. Aber alltägliche Situationen sind selten so extrem. An welchem Punkt würden Sie ein Projekt aus ethischen Gründen ablehnen, und wie stark beeinflusst die Notwendigkeit, Ihren Lebensunterhalt zu verdienen, Ihre Entscheidungsfreiheit?

Wo auf der Skala würden Sie ein Projekt platzieren? Wie lässt sich das Ergebnis mit Ihren ethischen Grundsätzen in Einklang bringen?

01 02 03 04 05 06 07 08 09 10

Ihre Anforderungen

Welche Auswirkungen haben Ihre Materialien?

Relativ bald werden wir die Erfahrung machen, dass viele natürliche Ressourcen zur Neige gehen. Gleichzeitig wird uns in zunehmendem Maß bewusst, dass manche künstlich hergestellten Materialien schädliche Langzeitwirkungen auf Menschen oder Umwelt haben können. Wie viel wissen Sie über die Materialien, mit denen Sie arbeiten? Wissen Sie, woher sie kommen, wie weit sie transportiert wurden und unter welchen Bedingungen sie hergestellt werden? Kann Ihr Produkt einfach und sicher wiederverwertet werden, wenn es nicht mehr benötigt wird? Kann es rückstandslos vernichtet werden? Liegen diese Überlegungen in Ihrem Verantwortungsbereich oder jenseits davon?

Markieren Sie auf der Skala, wie Ihre Materialauswahl in ethischer Hinsicht ist.

01 02 03 04 05 06 07 08 09 10

Ihr Produkt

Welche Absicht steht hinter Ihrer Arbeit?

Welchen Zweck erfüllt Ihr Produkt für Sie, Ihre Kollegen und Ihr vereinbartes Briefing? Welchen Zweck erfüllt es in der Gesellschaft, und leistet es einen positiven Beitrag? Soll Ihre Arbeit mehr Wirkung entfalten als nur kommerziellen Erfolg oder Auszeichnungen? Könnte Ihr Produkt dazu beitragen, Leben zu retten, Bildung zu fördern, jemanden zu schützen oder zu inspirieren? Form und Funktion sind zwei gängige Anhaltspunkte für die Bewertung eines Produkts, aber es gibt noch keinen Konsens darüber, welche Verantwortung Künstler und Designer in der visuellen Kommunikation der Gesellschaft gegenüber haben oder welche Rolle sie bei der Lösung sozialer oder ökologischer Probleme spielen könnten. Wenn Sie als Schöpfer Ihrer Idee anerkannt werden wollen, wie sehr sind Sie dann für das, was Sie schaffen, verantwortlich, und wo endet diese Verantwortung?

Markieren Sie auf der Skala, wie Sie die ethische Intention Ihrer Arbeit einschätzen.

01 02 03 04 05 06 07 08 09 10

Ein Aspekt von Typografie, der ein ethisches Dilemma darstellen kann, ist ihre Funktion, dem Leser Informationen zugänglich oder verständlich zu machen. Der kreative Einsatz von Typografie kann bedeutungsverstärkend sein und Worte emotional machen. Auf diese Art kann Typografie verbale und visuelle Kommunikation unterstützen, was zu grundlegenden Fragen an die Bedeutung des zu gestaltenden Textes führt.

Ist der Text lehrreich, informativ oder so aufgebaut, dass er dem Empfänger nützliche Informationen vermittelt? Oder verwirrt, verängstigt oder befremdet er den größten Teil seiner Leser? Steht ein Typograf in der Pflicht, stets so zu arbeiten, dass ein Text so klar, informativ und lesbar wie möglich ist? Oder gibt es Fälle, in denen die dekorative Ausgestaltung eines Textes wichtiger ist als die Lesbarkeit jedes einzelnen Wortes? Wie viel Verantwortung trägt ein Typograf für die Aussage eines Textes und die Mittel, welche diese vermitteln?

Von den Katakomben in Rom bis zu den Wänden der Maya-Tempel im mittelamerikanischen Tikal: Graffiti ist ein weltumspannendes kulturelles Phänomen, und dazu ein uraltes. In Pompeji entdeckte Graffiti mit politischer Rhetorik oder lateinischen Flüchen gewähren Einblicke in den Alltag der Menschen im 1. Jahrhundert n. Chr. Auch heute noch sind Graffiti eine Art Protokoll des täglichen Lebens und verraten uns zudem, welche Einstellung der Verfasser zur Gesellschaft hat.

In Frankreich wurden während der Studentenproteste und des Generalstreiks im Mai 1968 anarchistische und situationistische Slogans an Wänden und Mauern angebracht, was Ausdruck des Zeitgeistes war. Etwa um die gleiche Zeit verwendeten Straßengangs in den USA Graffiti als Mittel zur Kennzeichnung ihrer Reviere. Writer wie TOP-CAT 126 und COOL EARL hinterließen meist keine Slogans, sondern eher Signaturen oder „Tags". CORNBREAD, den einige für den Vater der modernen Graffiti halten, begann seine Karriere, indem er „Cornbread loves Cynthia" an sämtliche Wände seiner Schule schrieb. Anfang der 1970er Jahre sammelte sich die Graffiti-Szene in New York, und Writer wie TAKI 183 begannen, ihre Hausnummer an ihr Pseudonym anzuhängen. Tags wurden zunehmend kalligrafischer gestaltet, um aufzufallen; sie wurden auch immer größer und dick umrandet. Bubblestyle war ein populärer Stil, bevor Wildstyle – eine komplexe Komposition ineinandergreifender Buchstaben mit Pfeilen und Verbindungselementen – schließlich die Graffiti-Kultur beherrschte.

Dass Graffiti als Ausdruck eines rebellierenden, urbanen Stils galten, machte sie auch für Kreative aus der Mainstream-Kultur interessant. 2001 entwarf der Modedesigner und Künstler Stephen Sprouse in Zusammenarbeit mit dem Designer Marc Jacobs für Louis Vuitton eine limitierter Auflage an Taschen, bei denen das berühmte Monogramm-Muster mit Graffiti überkritzelt war.

Obwohl Graffiti inzwischen ein vertrauter Anblick im Alltag und als Kunstform anerkannt sind, bleiben sie umstritten. Es gibt eine klare Unterscheidung zwischen Graffiti, die typografisch von einem Designer oder Künstler eingesetzt werden, und Graffiti, die auf öffentlichem oder privatem Eigentum hinterlassen werden. In den meisten Ländern gelten Graffiti, die ohne Einverständnis des Hauseigentümers angebracht werden, als Vandalismus und daher als Straftat. Der Staat bringt Unsummen zur Entfernung von Graffiti auf. Eine 1995 vom National Graffiti Information Network durchgeführte Studie geht davon aus, dass für die Beseitigung von Graffiti in den USA jährlich etwa 8 Milliarden US-Dollar aufgewendet werden.

Wenn Graffiti illegal sind, ist es dann auch unmoralisch, Graffiti auf fremdem Eigentum zu hinterlassen?

Beuten Unternehmen Graffiti aus, wenn sie sie für den Verkauf kommerzieller Waren benutzen?

Wären Sie bereit, ins Gefängnis zu gehen, um eine Aussage zu kommunizieren?

Ein Wort ist nicht durchsichtig und unveränderlich wie ein Kristall. Es ist die Hülle eines lebendigen Gedankens und kann je nach den Umständen und der Zeit, in der es gebraucht wird, Farbe und Bedeutung wechseln.

Oliver Wendell Holmes, Jr.

Weiterführende Literatur

AAIGA
Design Business and Ethics
AIGA (2007)

Eaton, Marcia Muelder
Aesthetics and the Good Life
Associated University Press (1989)

Ellison, David
Ethics and Aesthetics in European Modernist Literature: From the Sublime to the Uncanny
Cambridge University Press (2001)

Fenner, David E. W. (Hrsg.)
Ethics and the Arts: An Anthology
Garland Reference Library of Social Science (1995)

Gini, Al (Hrsg.)
Case Studies in Business Ethics
Prentice Hall (2005)

McDonough, William und Braungart, Michael
Cradle to Cradle: Remaking the Way We Make Things
North Point Press (2002)
Einfach intelligent produzieren: Cradle to cradle: Die Natur zeigt, wie wir die Dinge besser machen können. Gebrauchsanweisungen für das 21. Jahrhundert
Berliner Taschenbuch Verlag (2005)

Papanek, Victor
Design for the Real World: Making to Measure
Thames & Hudson (1972)
Design für die reale Welt: Anleitungen für eine humane Ökologie und sozialen Wandel, Springer (2008)

United Nations Global Compact
The Ten Principles
www.unglobalcompact.org/AboutTheGC/TheTenPrinciples/index.html